不思議な算数

センス・オブ・ワンダーと算数数学

小西 豊文
Toyofumi Konishi

学術研究出版

推薦の言葉

広島大学教授　寺垣内　政一

　私たちがくらすこの世界は、不思議な出来事に満ちています。ですが、意識しなければ、そのことに気がつくことができないものもあります。本書では、「数理の目」で見ることによって、その不思議さを感じることのできる話題がいくつも取り上げられています。

　私が最も好きな話題は、第3章で述べられる日食です。大昔の人たちにとっては、普段は輝いている太陽が真っ黒になり、あたかも夜が突然、しかも短時間だけやってくるようなものですから、日食には恐怖を覚えていたはずです。天文学が発達した現在では、いつどこでどのような日食を観測できるのか、正確に予測することが可能です。月が地球と太陽の間に位置したときに発生する日食ですが、月の公転軌道面が地球の公転軌道面からわずかに傾いているがゆえに、全ての新月で日食とはなりません。本書でも説明されているように、地球から月、太陽までの距離の比はおよそ1:400であり、偶然にも月と太陽の直径の比と等しいために、太陽と月の見かけの大きさが一致し、皆既日食が起こります。そして、地球と月、太陽の間の距離が一定でないため、場合によっては美しい金環日食が起こります。

　「数理の目」は誰にでも備わっているものです。ただ、意識的に働かせなければ、それを通して身の回りを見ることはできな

いのです。本書を通して、読者の皆さんは、何度も「数理の目」を見開く体験を得ることができるはずです。

はじめに

　1971年3月、大阪教育大学（小学校教員養成課程数学科）を卒業した私は、大阪市立小学校の教員になりました。そして、2019年3月に、甲南女子大学（人間科学部総合子ども学科）を任期満了で退職するまで、およそ48年間、教職を務めました。この間、教員としての勤務地や職種・職務が数年ごとに変わり、そうこうしているうちに最後の務めを修め、退職、今日に至っています。

　振り返ってみれば、いろいろなことがありましたが、今、思えば、どこにあっても、一貫して心に抱き続けたことは、「算数」という教科への興味・関心と、そして「**愛着**」でありました。私が、教員として歩み始めるきっかけは、小中高の恩師の先生方の思惑の賜物と感じているのです。そのあたりのことについては、最近（2020年4月）の共著書「こどものキャリア形成」（幻冬舎新書）という本にも記したところありますが、その源流からの流れに乗って、今日まで人生を歩んできたように思います。

　教職後半では、文部科学省の「小学校学習指導要領解説『算数編』」改訂の作成協力者を、2期（平成11年5月告示分と平成20年8月告示分）、およそ計20年間、務めることができたことは、大きな刺激を受けるとともに、さらなる愛着を増幅させた機会でもありました。また、算数科教科書（啓林館版）の編集委員や顧問に携われたこともまた同様であります。

　さらに、この間、いろいろな書籍を執筆・発刊できたこと

も幸運でありました。自己の思いを実現するという意味では、恵まれた人生であったと思います。そして、振り返って、今、気づくことは「算数」は、やはり「面白い！」そして「不思議！」であるということです。こうして歩んだ48年間の算数への愛着の結晶として、本著書

『不思議な算数—センス・オブ・ワンダーと算数数学—』

［Its amazing!］

を書きあげることができました。

　本書は、算数の不思議さや面白さを、主に、小学校・中学校（数学）の教員及び教員を目指す高校生・大学生の皆さんに、さらに、小中学生のお子さんをもつ保護者の皆様と小中学生の皆さん方にも是非、伝えたいと考え、48年間の中で学んだこと、考えてきたこと、実践してきたことの集大成として、教員養成学科（甲南女子大学総合子ども学科）における「算数概論」の講義の一部をまとめたものであります。

　算数数学の面白さを伝えようとする本は、たくさん出ていますが、本書では、かなり易しく、私の拙い力量の及ぶ範囲で（しか書けませんが）執筆を試みました。

　エピソード的な内容も多くし、小学生にも分かるように、読み物風に書くように心がけました。随所に、私の生活の体験とも結び付けて、人生の歩みも垣間見てもらいつつ、楽しく読んでいただき、**「不思議な算数」**に愛着をもってもらえたら本望であります。

目　次

第 0 章

「不思議な算数」を求めて

① 「算数概論」の講義の方針

　最後に勤務した大学は、「甲南女子大学」で、人間科学部総合子ども学科に所属していました。本学科は、保育所、幼稚園、小学校の教員や保育士を養成する学科です。主として担当した科目は、「**算数科教育法**」と「**算数概論**」でした。

　任期5年、着任時、私は64歳でしたから、年齢から、ここで教職を全て退くことになる予定でした。ここでは、これまでの教員生活で積み重ねてきた研究と実践の成果を総動員し、その集大成に相応しい「講義」を創造したいと意気込んでいました。

　また、本学科では、算数数学への苦手意識のある学生が多いと言われていたこともあり、特に「算数概論」については、算数数学への興味と関心を高め、意欲的に学べるようにすることが大切であるとの考えで、取り扱う教材の開発と講義の方法などの工夫改善に全力を注ぎました。教材（内容）の開発に奮闘し、学習意欲が喚起できるような講義の方法を工夫することが必要であると考え、全15回の講義を創り上げていったのでした。その根底にある「基本的な考え方」の第一は、「センス・オブ・ワンダー」を育むという方針でした。

② 「センス・オブ・ワンダー」と教材開発の観点X・Y・Z

　「算数概論」の基本的な考え方として位置付け、受講生に育みたいものは「センス・オブ・ワンダー」です。この言葉について、まず明らかにしておきたいと思います。

　レイチェル・カーソンが主張している言葉で、その著（上遠

恵子訳）『センス・オブ・ワンダー』（新潮社　1997年）（p23）で、次のように述べています。

「子どもの世界は、いつも生き生きとして新鮮で美しく、驚きと感動にみちあふれています。…（中略）…もしもわたしが、すべての子どもの成長を見守る善良な妖精に話しかける力を持っているとしたら、世界中の子どもに、生涯消えることのない『**センス・オブ・ワンダー＝神秘さや不思議さに目をみはる感性**』を授けてほしいとたのむでしょう」と、さらに続けて、「この感性はやがて大人になるとやってくる倦怠と幻滅、わたしたちが自然という力の源泉から遠ざかること、つまらない人工的なものに夢中なることなどに対する、かわらぬ解毒剤になるのです」と述べているのです。

「センス・オブ・ワンダー」を日本語で端的に定義すれば、「神秘さや不思議さに目をみはる感性」となります。

　レイチェル・カーソンは、主に自然界の様々な現象に思いを寄せ、人生の歩みを通して、その素晴らしさに感動することの大切さを語っています。それは、子どもの世界にとって重要で、よりよくその後の人生を生きるための源泉となるであろうとさえ述べているのです。

　レイチェル・カーソンの言う自然界の事物、現象の何一つとってみてもそれは、神秘で不思議で、子どもはそのことに触れて感動することができるということに、私自身も、大いに、納得できるのです。このことは、誰もが、海や山の自然の**美しさ**、人間や花や樹木等の生物と生命の**不思議さ**、地球や星や月の宇宙の**神秘さ**等に感動した自らの経験を思い起こせば、納得できるのではないでしょうか。

　私は、これまでにも、「センス・オブ・ワンダー」と算数数学的な事象は極めて近い表裏のような関係にあると感じてきました。それゆえ、「センス・オブ・ワンダー」を算数数学の内容に結び付け、育みたいと常々想ってきました。それは、算数数学の持つ数理の美しさは、自然界の美しさと同様に人々に感動を与えるものであり、自然界の美しさが数理で表現できたり、算数数学の式や図形で現象を見ることができたりするからであります。

　以前（2001年）、「算数でセンス・オブ・ワンダー」という小論を記したことがあります。小学校の算数科の授業でも、そういう「センス・オブ・ワンダー」を育むことができるとの考えで実践し、その概要及び考察をまとめたものです。この実践の経験から、算数の授業で、教材を吟味し、指導方法を工夫すれば、子どもに自然界に対して感じることと変わらぬほどの「センス・オブ・ワンダー」を育むことができるという確信を得ることができたのです。よって、本科目「算数概論」でも、受講生（大学生）を対象に「センス・オブ・ワンダー」を育む実践ができるであろうし、そのような実践によってこそ、学習への興味・関心を高め、意欲を喚起し、算数数学への苦手意識の転換を図ることができると考えたのです。そして、取り扱いたい算数数学の内容に対して、教材を開発し、タイトルを工夫して全15回の講義を、次の表0-1のように構成しました。

表0-1　各講義で取り扱う算数数学の内容

取り扱う算数数学の内容 ——▶	講義タイトル
四則計算のきまり、計算法則	数の占い
等差数列の和	天才少年ガウス
乗法のきまり、計算法則	一休一休寒い
円の面積、円周、円周率	お得なピザは？
図形の合同・相似、相似比	日食ハンター
一筆描き、オイラーの定理	ケーニヒスベルクの街
正多面体、メビウスの帯	楽しい図形遊び
指数関数、フィボナッチ数列、無限等比数列の和	不思議な木の生長
ピタゴラスの定理、活用	ピタゴラスの発見
立体の体積・表面積	チョコの大きさ比べ
和算、鶴亀算、出会い算	筆算をひろめた男
約数・倍数、素数	博士の愛した数式
三角形の角の和、円周角	星描き名人
指数関数、大きい数（京の単位）	世界は消滅するか？
計算法則	電卓を使って

　これらのことは、「算数概論」の実践の中で、充実・改善を図りつつ、考察を深めながら、その時々に、5年の任期の中で、次の3つの論文にまとめてきました。

---

⑦　センス・オブ・ワンダーを育む「算数概論」の教材開発と実践（Ⅰ）
　（甲南女子大学研究紀要　第53号　p73 〜 82　2017年3月）
④　センス・オブ・ワンダーを育む「算数概論」の教材開発と実践（Ⅱ）
　（甲南女子大学研究紀要　第55号　p51 〜 60　2019年3月）
⑦　日食ハンター——甲南女子大学「算数概論」の実践より——　学校教
　育研究紀要　Vol.3 上寺久雄先生追悼記念論文集　p104 〜 113
　2019年8月）

　これらの論文で述べてきた内容は、次の2点にまとめること
ができます。
　(1)　「算数概論」では、「センス・オブ・ワンダー」を育むと
　　いう視点で目標、内容を構想し、実践することによって、
　　講義への興味・関心を高め、学習意欲を喚起し、算数数学
　　への苦手意識の転換を図ることができる。
　(2)　「センス・オブ・ワンダー」を育むための「算数概論」の
　　教材開発の観点を、私のこれまでの教育研究と実践経験を
　　踏まえ、次の3点にまとめることができる。

観点X　関連する数学者等の人間ドラマ（エピソード）を絡ま
　　　　　せる。（人物の観点）
観点Y　歴史的・地理的等の事象の視点からの関連する話題を
　　　　　取り上げる。（事象の観点）
観点Z　実感的な理解を図る数学的活動としての「実演」を取
　　　　　り入れる。（実演の観点）

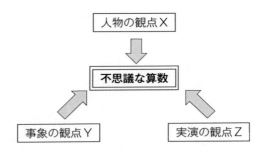

図0-1　「不思議な算数」の教材開発の3つの観点

　個々の講義の内容の構成については、上記論文⑦で明らかにし、教材開発の観点、及びその効果については、論文⑦で明らかにしています。

③「算数概論」の講義シラバスの概要

「センス・オブ・ワンダー」を育む教材を開発し、全15回を構成し、そのタイトルと取り扱う数学の内容及び教材開発の観点（XYZ）の一覧表は、次の表 0-2 のようになりました。

表0-2　全15回の講義タイトルと教材開発の観点X・Y・Z（2018年度前期）

タイトル	人物の観点X	事象の観点Y	実演の観点Z
① 数の占い☆		メイク10の占い	数の占いなどの実演
② 天才少年ガウス	数学者ガウス	ガウスの少年時代	●の数の等差数列の和
③ 一休一休寒い		インド九九	アレイ図計算の仕組み
④ お得なピザは？☆	NASAキャサリン	蜂の巣の部屋の形	アリの運動場の距離
⑤ 日食ハンター☆	宇宙飛行士毛利　衛	天岩戸の神話	日食シミュレーション
⑥ ケーニヒスベルクの街	数学者オイラー	街の7つの橋の話題	紐と輪による実演
⑦ 楽しい図形遊び	数学者メビウス	タングラムの発祥	紙パックから正四面体
⑧ 不思議な木の生長☆	数学者志賀　浩二	欅の木の枝分かれ	渦巻図の描画実演
⑨ ピタゴラスの発見	数学者ピタゴラス	正多角形の面積	三平方の定理の実験
⑩ チョコの大きさ比べ☆	数学者アルキメデス	アルキメデスの墓標	アルキメデスの砂時計
⑪ 筆算をひろめた男	数学者福田　理軒	江戸の数学塾	鶴亀カードの活用
⑫ 博士の愛した数式	小説家小川　洋子	素数ゼミの謎	エラトステネスの篩
⑬ 星描き名人	授業者小西　豊文	世界国旗と星形伝説	円の中に実際に描く
⑭ 世界は消滅するのか？	エドワード・リュカ	ハノイの塔の伝説	ハノイの塔の操作
⑮ 電卓を使って		数字キーの配列	電卓マジック

☆本書で取り上げたもの

　これら、内容を貫く柱は、受講生に「センス・オブ・ワンダー」（神秘さや不思議さに目をみはる感性）を育むことと、つまり「不思議さ」を実感させることだと考えていたことが分かります。

そのことを裏付けるような言葉に出会いました。

木村俊一著「数学の魔術師たち」(平成29年 角川ソフィア文庫) という本の裏表紙にこう書かれているのです。

「答えや解き方にこだわらず、まずは数学に潜む『**不思議さ**』を感じてみよう。理屈はあとからついてくる」

数学に潜む「不思議さ」こそが、何にも勝る意欲の喚起が図れる手立てになるということを述べていると思います。

毎年、全講義の終了時に、受講生に、感想を尋ねてきましたが、総じて、次のような感想 (抜粋) が多く見られ、意を強くした次第です。

(本書では、受講生の感想を＊印を付して、随所に取り上げています。名前はイニシャルで示しました。)

【感 想】

＊算数数学はひたすら計算し、問題を解くことだと思っていたけれど**面白いこと**がたくさんあって奥が深いと思いました。… (TK)

＊算数数学への苦手意識が大きかったけれどしだいに**楽しいもの**と感じることができました。… (KK)

＊数学はきまりきったことばかりと思っていたけれど**不思議なこと**がいっぱいあるのだと分かりました。… (SH)

等々

また、最終講義の授業評価のアンケートの自由記述欄に次のような記載があったことはこの上ない喜びでありました。

*すごく楽しかったし、面白かった。算数の不思議さをたくさん学ぶことができました。まるで、小学生に戻ったようにわくわくして算数と向き合えました。勉強が嫌いな子、苦手な子でも楽しめる授業でした。（無記名）

　本書のタイトルを「**不思議な算数―センス・オブ・ワンダーと算数数学―**」とし、算数の面白さ・不思議さを、講義に即して、取り上げながら、本書を著したいと考えました。

　ここでは、表0-1・表0-2の全15回の中から、①④⑤⑧⑩の5つの講義を軸として取り上げ、「不思議」という観点から全5章を再構成し、著しました。

　0. 不思議な算数を求めて
　1. 数の占い（講義①）
　2. 円の秘密と蜂の巣（講義④）講義題は「お得なピザは？」
　3. 日食ハンター（講義⑤）
　4. 不思議な木の生長（講義⑧）
　5. アルキメデスの墓標（講義⑩）講義題は「チョコの大きさ比べ」

④「算数概論」の講義の工夫

　さらに、実際の講義では、その進め方・方法を毎回、工夫し、改善を積み重ねてきました。
　工夫してきたことは、
・パワーポイントで提示する場面の表現を工夫し、映像効果を活かすこと。

・関連する数学の問題を基本問題・発展問題・関連問題などに
　分けて、その与え方や時間配分を随時工夫すること。
・講義の終盤で「センス・オブ・ワンダー」を意識させるよう
　な着眼点を明示するなどして感想をまとめさせること。
　の 3 点であります。

第 **1** 章

数の占い

① 「占い」とは？　―ポエ占い―

　毎朝、勤務に出かける前に、あるテレビ番組を視聴していました。番組後半で「今日の星占い」というコーナーがありました。占いを信じるタイプではないのですが、毎朝、気に留め意識していました。私の誕生日の星座は「てんびん座」ですが、今日のラッキーな方からの星座の順位（1位から12位）が示されますが、その高い低いで一喜一憂することがただ単に楽しかったのです。

　ある時、こんな「占い」について調べてみることにしました。「占い」とは、こう説明されています。

　占いとは、魔法ではなく、深層心理に眠る未来予知を引き出す道具であり、術であるというのです。「占う」のうらは「心（うら）」のことであるとされていました。つまり、表に出さない裏の心を見ることだというのです。そして、絶対、吉（幸運）と出るのか、凶（不運）とでるのかは初めから決まっているはずはないのが通常だそうです。それが、決まっている占いは、インチキ（意図的に導くトリックがある占い）ということになるのです。

　このような占いには2種類あって、予め、一方的に決められている占い（**占いA**とします）と自分が働きかける場のある占い（**占いB**とします）があるということが分かります。

　例えば、占いAとは、テレビ番組などで一方的に告げられる星占いや、他には「運勢暦」に書かれた干支で決められる干支占い等があります。「てんびん座」であるあなたの今日の運勢は「…です」や「丑年」のあなたの今年の運勢は「…です」というよ

うに一方的に与えられて、決められる占いなのです。この中身
の文言などは、誰がどのように決めているのかは定かではあり
ませんが、何となく、神様のお告げのようなイメージを持つ人
も多いのではないかと思われます。しかし、星座も干支も人類
の約12分の1の人々が同じということからしても、みんなが、
同じ運勢になるとは、とうてい信じ難いいのですが、廃れるこ
ともなく現存しているのです。

　一方、例えば、台湾へ旅行した時の私の経験ですが、「ポエ
占い」いという占いに遭遇したことがあります。その占いが、
ツアーに組み込まれていて、何となくやってみたのですが、
それは、2枚貝を割ってできた形に見える右のような堅い木片
（図1-1）2つを、床に落として占うというものだったのです。

　落とした時の2つのポエがどういう状態になっているか、そ
れが、表なのか裏なのかの組み合わせで占うというものです。
ポエはその形から表と裏がはっきりしている形状で、その時の
2つのポエの表裏のようすで自分の行こうとしている方向が正
しいのか、間違っているのかを占うというのです。この占いは、
自らの行為の結果で決まるということで、占いBということに
なります。

　2枚のポエは、表表、表
裏、裏表、裏裏の4通り
の出方がありますが、表
表や裏裏のように両方と
も同じ面が出た場合は、
「神意に叶わず」、表裏や
裏表のように、2枚が異

図1-1　ポエ（木片）

なる面になった時、シンポエ（聖）と言って、「神意に叶う」ということが決められていました。神意に叶う、叶わないというのは、つまり、良い方向に進めるか、進めないかの判断の基準になるとされていました。

　この占いは、ポエを地面に落とすという行為をするのは、自分自身であり、その結果は、一方的に与えられるものでなく、自分が木片（ポエ）を落とすという行為の結果であるということです。自分の行為の結果であるのだから、そこに何らかの深層心理が表に出てきて、行為と結果に因果関係があって、自分がそういう運命になるのかもしれないと妙に納得できるところがあるのです。

　その占いは、実に簡単な行為でできるものであり、結果がよくないともう一度試したくなります。何度か試すと必ず、すぐに良い結果にいきつきますが（確率は2分の1）、本当は1回きりで占うべき占いだと思いつつも行ってしまいます。

② インチキな数の占い

　私は、以前、数のカードの占いを創ったことがあります。

　それは、「サウンスとリンリンの算数物語」に登場する「インチキ占い師　ズール」が行う「占い」のことです。「サウンスとリンリンの算数物語」とは、校長室だよりとして、発刊していた連載の物語で、算数の話題を取り上げて、保護者や子どもたちの興味関心を高めると同時に、楽しい読み物を通して、算数の理解をも深めようと企図したもので、私のオリジナル作品で

す。連載、終了後、「子どもが飛びつ
く算数面白物語」(2003年　明治図書)
として発刊することができました。

　様々な人物が登場しますが、その
第2話で、インチキ占い師ズールに
よる、次のような「数の占い」を登場
させたのでした。

　次のような手順で行う占いです。

図1-2　子どもが飛びつ
　　　く算数面白物語

　「インチキ占い師　ズール」の数の占い

―占いの方法―

①　1から9までの数のカードを用意します。
②　1から9までのカードを自分の思い(任意に)で2つの
　　集まりに分けます。

例えば

```
  1  2  3  4  5  6  7  8  9
```

```
   1  3  6  9              2  4  5  7  8
```

例　上のように「1, 3, 6, 9」と「2, 4, 5, 7, 8」に分けたとします。
③　分けた双方の数の和を求めます。
左　$1 + 3 + 6 + 9 = 19$　　　右　$2 + 4 + 5 + 7 + 8 = 26$
④　大きい方と小さい方の差を求めます。
差　$26 - 19 = 7$……奇数になりました。

⑤ それが奇数ならアンラッキー、偶数ならラッキーと予め
きめておきます。

結果　奇数なのでアンラッキー！となります。
という占いです。

　1～9の数のカードを使って、任意に、自由に2つの集まり
に分けるという行為の結果は、自分の行為（自分の意志）に起
因すると考えます。よって、占いをやってみた人は、異なる分
け方をしておけば、結果は変わったはずでは？　と思います。
しかし、実は、結果はいつも変わらない（奇数になる）という、
これはまさに「インチキ占い」なのです。

　この方法は、いつも奇数になりますが、占いとして行った子
どもは気づかないことが多いようです。分けるという行為の偶
然性の結果であるように見せながら、実は、トリックが背後に
隠れています。偶数（ラッキー）であってほしいと願う子ども
は、もし1を反対側に移していたら、変わるのではないかと考
えたりします。試してみましょう。

3　6　9	➡ 1 ➡	1　2　4　5　7　8

左　$3 + 6 + 9 = 18$　　　右 $1 + 2 + 4 + 5 + 7 + 8 = 27$
差　$27 - 18 = 9$…奇数

　一方は1減り、他方は1増えて、差が奇数になることは変わ
らないのです。

　何度やっても奇数になることに気がついて、不思議な気持ち
になって、初めておかしいと感じるのです。その理由は、奇数

偶数の性質（偶奇性）に起因し、次のように説明することができます。

いつも奇数になる理由は、次の通りです。

理由

1から9までの和は45で、奇数です。この45を2つに分けるのでありますから、必ず、一方は奇数で一方は偶数になります。よって、奇数−偶数＝奇数、偶数−奇数＝奇数、つまり、その差はいつも奇数になるというわけです。（奇数＋偶数＝奇数、偶数＋奇数＝奇数のように、和についても同じことが成り立ちます）

奇数・偶数を図に表して和を考えるとよく分かります。この考え方は、小学校算数「5年整数（偶数・奇数）」で学習します。右のような図を使って説明させたりします。受講生にも、整数（奇数・偶数）の理解を深めるために、本講義に取り入れ扱いました。

偶数と奇数の和は奇数になります。
そのわけを、下の図を見て考えてみましょう。

$$\boxed{::::} \quad + \quad \boxed{:::::}$$

では、奇数と奇数の和はどうでしょうか。

$$\boxed{:::::\!\cdot} \quad + \quad \boxed{::::\!\cdot}$$

図1-3　図を使った偶数や奇数の和

★「センス・オブ・ワンダー」を感じる不思議な法則

1から9までの数を2つに分けた時のそれぞれの和は、必ず一方は奇数で、一方は偶数になる。ゆえに、その和や差は必ず「奇数」になる。（整数の偶奇性）

イッツ
アメージング！

③ メイク10（テン）

　私は、メイク10（テン）またはテンパズルという、占いのような、数と計算の遊びがあることを知っていました。それは、次のような遊びです。

　身の回りには、車のナンバー、切符の番号、電話番号…など、4つの数字が並んでいるものがよくあります。

　こうした4桁の数に出会ったとき、四則計算（＋−×÷）やカッコ（　）を適当に使って、10になる式を作ってみます。（4つの数の使う順番は自由です。）

　作れたら幸運、作れなかったら幸運ではないと考えたりするという占い的な遊びです。

　世界的にも、よく知られている遊びで、子どもの計算力や計算のきまりを学習する題材として紹介されることもあります。先日、あるニュースで次のような話題が報道されました。

　それは、史上最年少で「数学検定1級合格」したA君のお母さんが「幼稚園では九九を自分でマスターし、四則計算ができるようになりました。その後、車のナンバープレートの数字を見て10になるよう計算したりして遊んでいました。」と証言しているのです。これは、まさに、メイク10のことで、この遊びが数学力の伸長に役に立っていたのかも知れないと思わせます。

　小学校算数4年では、次のような計算のきまりを学習します。

・ふつう、左から順にします。

・（　）があるときは、（　）の中をさきにします。

・＋、－と、×、÷とでは、×、÷をさきにします。
（啓林館令和2年版4年上p127より）

　このきまりの学習については、小学校での定着がよくなくて、文部科学省の学力調査（毎年6年生で実施）でも、いつも、通過率がよくない問題の1つなのです。（平成29年度　通過率66.8%）

　例えば、

$6 + 0.5 \times 2 = 7 （○）$ ➡ $6 + 0.5 \times 2 = 13 （×）$

とする誤りが大変、多いといいます。前から計算するという約束から、四則混合算における数学的な約束へと脱却できず、ついやってしまう誤答といえます。このような計算の約束をきちんと処理できるということは、数学的な思考力の1つと考えられます。

　実際にやってみましょう。

　例えば、次のような数に出会ったとします。

㋐ナンバープレートで　　㋑切符で　　　　　　　㋒電話番号で

3296　　　　　　8721　　　　　　4387

　㋐と㋑について、考えてみましょう。

　㋐では、$9 + 6 - 3 - 2 = 10$　　$9 + 6 \div 3 \div 2 = 10$

　㋑では、$7 + 8 \div 2 - 1 = 10$　　$8 \times 2 - 7 + 1 = 10$

などと、10が作れます。式は、これだけではなく、他の式もいろいろ考えられます。

　ちなみに㋒は、私の電話番号に使われている数字で、難問の

一つということで、この番号が大変気に入っているのですが、この番号には面白い秘密があるのです。⑦については、あとで取り上げることにしましょう。

　ここで、メイク10において、不思議な法則があることを知りました。

★「センス・オブ・ワンダー」を感じる不思議な法則

> 1から9までの数の中で、異なる4つの数を使って、四則演算と（　）を用いて、10になる式を作ることを考えた時、<u>必ず作ることができる</u>。

　この法則を知った時、私自身が、なんとも**不思議な感覚**におそわれました。本当に？　作れるのだろうか？　これはできないという4つの数字の組み合わせがいくつかあるのではないだろうか？　というような疑問を持ちました。しかし、実際にやってみるとできるのです。私は、そのことを証明する数学力を持ち合わせていないがゆえに、不思議感はかなりのものがありました。これを講義で取り上げないわけにはいけません。

　ここで、⑦の4387については、どうしてもできないという受講生の声が響いたのです。やはり、できない数の組も、あるのではないかと思わせたのでしたが、この4387も、例外ではなく、異なる4つの数なので、10が作れるのです。

　その作り方は、他の場合と少し異なります。次のようになります。

$$(3 - 7 \div 4) \times 8 = 10$$

$7 \div 4 = 1.75$ ………… 小数の世界へ

$3 - 1.75 = 1.25$ ……… 小数の世界

$1.25 \times 8 = 10$ ………… 整数の世界へ

　式から分かるように、いったん小数になって（小数の世界に入って）、再び、整数 10（整数の世界に戻る）になるという何とも斬新なものでした。これを知った多くの受講生は、「うーん、面白い」と唸ります。

　また、4 つの異なる数でない場合でも、例えば、1919 では、

$$1919 \Rightarrow (1 \div 9 + 1) \times 9 = \frac{10}{9} \times 10 = 10$$

というように、10 を作ることができますが、ここでは一旦、分数の世界に入っているのです。このように分数の世界に入るという場合もあるということです。

　10 をつくることのできる数学力があれば、幸運！　作れなければ幸運は逃げていくのでは？　と考えると、メイク 10 に関して、「数学力は運命を切り開ける」といえるのではないでしょうか？　というような話をしました。

★「センス・オブ・ワンダー」を感じる不思議な法則

10 を作るのに、3478 等、一旦途中で、小数や分数の世界に入ってのち、整数の世界に戻るという経過を辿る 4 つの組み合わせのものある。

イッツ アメージング！

【感　想】

＊4387は、どう考えてもできないと思いました。でも、小数になって、また整数になるなんて、教えてもらわないとできません。アッと思う解決法で面白いです。(SI)

＊数学力は運命を切り開くというのは、この問題ができたからといって、良くなるとは思えません。やはり、運命は運命、数学力は数学力です。でも、数学ができれば、いい人生が送れるというのはあるかも知れません。(YN)

＊先生の電話番号はいいですね。人に話すとき、なんか自慢できそうに思います。私の電話番号には、6777と7が3つあるのが気に入ってます。でも、これは多分10を作ることができないと思います。(MN)

4 「4つの4」(フォーフォーズ)

　算数科でも取り上げられる「4つの4」を、計算のきまりを使う場として紹介し、講義で取り扱うことにしました。

　4を4つ使って、四則計算（＋－×÷）と（　）を適当に使って、1～10までの数を作るという計算遊びです。よく算数数学の本でも紹介されているものですが、「フォーフォーズ」と呼ばれていて、語呂の響きも楽しいです。実は、4つの4で、0～9までは作ることができますが10は作ることができないのです。例えば、0～9は、次のように作れます。

$$(4 - 4) \times 4 \times 4 = 0$$
$$4 \times 4 \div 4 \div 4 = 1$$

$$4 \div 4 + 4 \div 4 = 2$$
$$(4 + 4 + 4) \div 4 = 3$$
$$4 + 4 \times (4 - 4) = 4$$
$$(4 \times 4 + 4) \div 4 = 5$$
$$4 + (4 + 4) \div 4 = 6$$
$$4 - 4 \div 4 + 4 = 7$$
$$4 + 4 + 4 - 4 = 8$$
$$4 \div 4 + 4 + 4 = 9$$

10 については、

$$(44 - 4) \div 4 = 10$$

のようにすればできると言ったりする子どもがたまにいます。楽しいアイデアなのですが、一応、これはルール（4 を 4 つ使う）に合っていないので認めないということになっています。ここで、私は、4 つの 4 以外で、4 つの 1、4 つの 2、4 つの 3 … 4 つの 9 まで調べてみることにしました。どの数ができて、どの数ができないのか知りたくなったからです。そして、これを講義で取り扱いたいと思ったのです。

　実際に調べてみると、次の表 1-1 のようになりました。この表から、同じ数を 4 つ使って、0 〜 10 まで全部作れる数は「3」であることが分かります。他の数は、作れない数が何かあるのです。また、0 〜 3 は、どの数でも作れることが分かります。

表1-1　4つの数（1～9まで）で、0～10までの数を作った結果表

横に、4つ用いる数、縦に作ってみる数
○　作ることができる　　×　作ることができない

作る数＼使う数	1	2	3	4	5	6	7	8	9
0	○	○	○	○	○	○	○	○	○
1	○	○	○	○	○	○	○	○	○
2	○	○	○	○	○	○	○	○	○
3	○	○	○	○	○	○	○	○	○
4	○	○	○	○	○	○	×	○	×
5	×	○	○	○	○	○	○	×	×
6	×	○	○	○	○	○	○	○	×
7	×	×	○	○	○	○	○	○	○
8	×	○	○	○	×	○	○	○	○
9	×	×	○	○	○	×	○	○	○
10	×	○	○	×	○	×	×	○	○

【感想】
＊思った以上に、難しかったです。ひとつ考えていたら、時間がどんどん立っていきます。いろいろやってみて、できた数を確保していく方法の方が、楽かも知れません。（MN）
＊表を見て、私の発見です。5は8が作れませんが、8は5が作れません。これは、何か関係あるのでしょうか？（SH）
＊横に見ると、すべて○になっているのは、0・1・2・3です。どの数でも作れるというのも面白いと思いました。（SH）

　この表で、面白いことに気づいた受講生がいました。「5を4つ使ってできない数は8、8を4つ使ってできない数は5です。5と8には何か関係があるのですか？」という気づきです。「偶

然でしょうね」と答えるほかない私であったが、このことを見つけて、不思議と感じ、何か秘密があるのかも知れないと感じることはその人の数学的な感性の豊かさであると思いました。「よく気がついたね」と称賛しました。

　この表の横のラインで見て、面白いことに気づいた受講生もいました。0、1、2、3 は、すべて作れる（○）になるということです。0、1、2、3 は、1 〜 9 のどの数でも、作ることができる数なのです。このことは、次のように、□を使った式で、示すと分かり易くなります。

$$\square + \square - \square - \square = 0$$
$$(\square + \square) \div (\square + \square) = 1$$
$$\square \div \square + \square \div \square = 2$$
$$(\square + \square + \square) \div \square = 3$$

　□に 1 〜 9 のどの数を入れても成り立ちます。数学の世界における文字（X や□等）の式の威力といえるでしょう。

　□の式を使って、その数自身□も必ず作れることも分かります。

$$\square \times (\square - \square) + \square = \square$$

　このように、4 つの 4 から、4 以外の他の数ではどうなるかというように拡散的に考えること（拡散的思考）は重要で、いつもそう発想することで、内容は発展していくと考えています。

⑤ あるパンデジタル数の占い

偶然、新聞記事で、特別なパンデジタル数の存在を知りました。

パンデジタル数とは、10進数なら、10桁の数で、どの桁の数も異なる数（10種類の数字）、つまり0〜9までの数が1つずつ使われている数のことです。例えば、1023456789のような数です。

パンデジタル数の中でも、「3912657840」と並んだ数は、特別、不思議な性質を持つ数であると言われています。

0〜9の数が、次のように、並び変わっています。

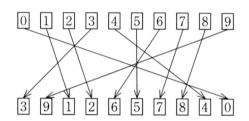

その数は、1〜9（1桁の数）のどの数で割っても割り切れるというのです。

実際に確かめてみると、次のようになりました。

$$3912657840 \div 1 = 3912657840$$
$$3912657840 \div 2 = 1026328920$$
$$3912657840 \div 3 = 1304219280$$
$$3912657840 \div 4 = 978164460$$

$3912657840 \div 5 = 782531568$

$3912657840 \div 6 = 652109640$

$3912657840 \div 7 = 558951120$

$3912657840 \div 8 = 489082230$

$3912657840 \div 9 = 434739760$

　このパンデジタル数は、1 〜 9 のすべてで割り切れることが何とも不思議です。他にこんな数はそうないと思うからです。

　さらにもっと不思議なことがあるのです。

$$\boxed{3\ 9}\ \boxed{1\ 2}\ \boxed{6\ 5}\ \boxed{7\ 8}\ \boxed{4\ 0}$$

　上のように、隣り合う 2 つの数を組にして 2 桁の数を 5 つ作ります。

　何と、この 2 桁の数のどれで割ってもすべて割り切れるというのです。やってみましょう。

$3912657840 \div 39 = 100324560$

$3912657840 \div 12 = 326054820$

$3912657840 \div 65 = 60194736$

$3912657840 \div 78 = 50162280$

$3912657840 \div 40 = 97816446$

　さらに不思議な気持ちが増しますが、隣り合う数を次のように組み合わせても割り切れるというのです。やってみましょう。

3 $\boxed{9\ 1}$ $\boxed{2\ 6}$ $\boxed{5\ 7}$ $\boxed{8\ 4}$ 4

3912657840 ÷ 91 = 42996240
3912657840 ÷ 26 = 150486840
3912657840 ÷ 57 = 68643120
3912657840 ÷ 84 = 46579260

　そんなことはあり得ない！　とつぶやいてしまいます。こ
こまでくると頭が混乱します。今までのことを総合すると、
3912657840 のどこを 1 桁、2 桁取り出してもすべて、割り切れ
るということになります。例えば、

$\boxed{3\ 9}$ $\boxed{1\ 2}$ $\boxed{6}$ $\boxed{5\ 7}$ $\boxed{8}$ $\boxed{4\ 0}$

　数を、上のように分けてもすべて割り切れます。さらに不思
議感は増幅されます。では、3 桁ならどうなるのと考えました。
　さすがに、3 桁は無理でしたが、1 つだけありました。840
です。

3912657840 ÷ 840 = 4657926

　この不思議なパンデジタル数を使って、インチキ占いが創れ
ると考えました。それは、次のような占いです。

① 　ここに 0 〜 9 までの数字を 1 回ずつ使った $\boxed{3912657840}$ と
　　いう数があります。この数のどこか 2 桁を切り取って、

　　　3912657840 を割ります。うまく割れたらラッキー、割れな

　　　かったらアンラッキーと思って下さい。

②　　直感でどの数が割り切れるか予想してみて下さい。

③　　例えば、91 を切り取ったとします。

④　　次に、その 2 桁の数で、3912657840 を割ります。

　　　　　3912657840 ÷ 91 = 42996240

⑤　　それが、割り切れたら幸運、割り切れなかったら不運とし

　　　ます。

⑥　　91 を選んだあなたは、幸運です。この他の数を選んで、

　　　占ってみましょう。

　　ここでは、初めから電卓を使用することは禁止します。選ん
だあとの確かめに、電卓を使用します。

　　最初は、暗算で考えてみようとしますが、そう簡単にできる
人はいません。結局、「勘」で選ぶことになります。ゆえに、こ
の占いは、先の占い B（本書 p22）にあたります。2 桁の数を選
ぶという行為が自らの意思によるものだからです。

　　このように占うと考えると、多分、割り切れる数はほとんど
ないだろうという感覚（予想）を持つに違いありません。しか
し、割り切れた。割り切れたことが本当に万が一の偶然で、こ
の占いによると、どこを選んでも割り切れるとは知らずに、自
分には幸運が訪れるのではと思ってしまうことでしょう。これ
はインチキ占いですが、簡単には気づけません。人に幸福感を
与える？　インチキ占いです。そして、種を明かすと、なおさ
ら、言い知れぬ不思議感に襲われることでしょう。この占いも
講義の最後に取り扱うことにしました。

【感 想】

*これは不思議です。割り切れるというのは、めったにないと思うからです。どこをとっても割り切れるというのは奇跡だと思いました。こんな数をどうしたら作れるのか、それは謎です。誰が作ったとか、どのように作ったとかは教えてもらえませんでした。先生も知らないと言っていました。(YK)

*こんな数が、ほかにもあるか知りたいです。みんなにラッキーと思わせるいい占いだと思います。友達にも試してみようと思います。(KK)

★「センス・オブ・ワンダー」を感じる不思議な法則

イッツ
アメージング!

3912657840というパンデジタル数は、いろいろな数(1桁、2桁を切りとった数)のどれでも割り切ることができる。他のパンデジタル数で、このような数が存在するのか? また、このパンデジタル数を、発見した人は誰なのか? また、どのように見つけたのか等、謎は拡がるばかりである。

後日、寺垣内先生から、「計算機でプログラムを書いて確認しました。パンデジタル数の中では、これが唯一の例です。」とメッセージをいただきました。

第 2 章

円の秘密と蜂の巣

① お得なピザは？

　2校目の小学校長職にある時のことです。第1章で述べたように、1年目は、校長室だよりとして「算数だより」の発刊を実践し、「子どもが飛びつく算数面白物語」(2005年　明治図書)として発刊 (本書 p25) することができました。

　2年目は、校長としての大事な職務の一つである朝会に目を付けて、**算数朝会**をやってみることを思いついたのでした。校長にとって「朝会」は子どもたち、しかも全校の子どもたちの前に立つ週に一度 (毎週月曜日の朝) の機会です。

　一般的には、その多くは道徳的なこと、生活指導的なこと、学習意欲を喚起するようなことなども含めて、子ども全体の学校生活への意欲を高めることが目的となります。

　私は、その中に、これまでの算数教育研究で考え、実践してきたこと (身に付けてきたこと) を活かして、算数にまつわる話を取り入れてみたいと考えたのです。私の個性を発揮することができるし、子どもの算数 (学習全体への波及効果も含めて) への意欲と興味・関心を高めることができると考えてのことでした。しかし、1年生から6年生までの発達段階の異なる子どもたちに話が通じて、しかもどの学年の子どもの感性にも響く話ができるのかといえば、大変難しいものがあると思いました。そこで、できるだけ「実物」を用意し、目で見てとらえさせながらであれば、できるのであろうと考え実践を工夫したのでした。それゆえ、内容は「図形」に関するものが中心になりましたが、何とか、年間7回実施することができました。

　そして、さらにその後の算数関連の雑誌で連載した内容を含

めて、「みんなで楽しむ算数面
白朝会」（2006 年　明治図書）
として発刊することができま
した。

　その中で取り扱った問題を、
講義でも取り入れたのです。

　まず、最初に、次のような
「円の面積」の問題を取り上げ、
どのピザが大きいか（全体とし
て）を考えさせることから始め
ました。このようなピザの面積
の問題は算数教科書（啓林館平
成 17 年版 5 年下 p72）でも取り

図2-1　みんなで楽しむ算数面白
朝会

扱われたことがあります。3 つのピザ（あ 1 つ、い 4 等分 4 つ、
う 16 等分 16 個）のどれが、総量で大きいかを、まず、目で見て
判断させたのです。

● 同じ大きさの正方形の箱に、下のあ、い、うのようにピザが
　きちんと並んではいっています。

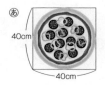

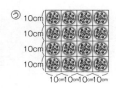

ピザの面積はどれが広いといえますか

図2-2　　　　　　　　　　図2-3　　　　　　　　　　図2-4

　最初に、あと①と②のピザの大きさ（面積）はどれが大きい
でしょうか？　を直感的に予想させたのです。人によって広さ
の感覚は異なるようですが、数が多いからでしょうか？　②が
大きいという予想が多かったのです。小学校の子どもたちの予
想でも、算数概論の受講生の予想でも、②が多いと考える傾向
にありました。

　そこで、円の面積を求める公式を復習したあと、計算して確
かめてみました。

　計算してみるとどれも同じ大きさ（総量）であることに気づ
きます。

　あ　　$20 \times 20 \times \pi = \mathbf{400\pi}$
　①　　$10 \times 10 \times \pi \times 4 = \mathbf{400\pi}$
　②　　$5 \times 5 \times \pi \times 16 = \mathbf{400\pi}$

　すべて、等しい面積になるのです。ここでは、直感的に予想
した面積と計算した面積の間にずれが生じます。目で見て判断
したことが、計算すると違っていた場合、とても不思議な気持
ちになります。

　しかし、答えや立式の過程を見ても、その真理は疑う余地が
ないのです。

　大きな正方形を小さな正方形に分けて各々の面積を求めて
みて比較すれば、等しいことは自明なのですが、ピザ（円）と正
方形（箱）の間の隙間の面積が、数の大きい方がどんどん小さ
くなっていくような気がして16個の分が大きいと感じたので

しょう。このように、算数や数学の世界では、数式を作って計算した結果は、見た目に惑わされることなく絶対的な力を発揮します。「**数式は嘘をつかない**」というのが自然の摂理です。

　私は映画ファンなのですが、この話から、ある映画を思い起こします。「ドリーム」(2017 年公開)という実話に基づいた映画ですが、黒人の天才数学者キャサリン・ジョ

図2-5　黒板で計算するキャサリン・ジョンソン

ンソンの半生を描いた映画で、その中に「数式は嘘をつかない」というセリフがあり、私は感銘を受けました。彼女は、NASAの宇宙開発「マーキュリー計画」で、その数学的能力(卓越した計算能力)を発揮し、黒人差別と闘いながら、宇宙開発に大いに貢献したのです。「アトラス6号」の落下位置の計算を見事に行い、そして、計算通りに着水したのです。「正しい数式は嘘をつかない」ということを実証したのでした。

　そして、最近、知ったのですが、何と、彼女は 2020 年 2 月に101 歳で逝去されたとのことです。もちろん、その功績は、表彰され、讃えられました。

　ピザの面積が等しいことは、文字の式でさらに納得できるものになります。

正方形の1辺を χ とします。

$$ⓐ\ \pi\times\left(\frac{\chi}{2}\right)^2=\frac{\pi}{4}\chi^2 \quad ⓘ\ \pi\times\left(\frac{\chi}{4}\right)^2\times4=\frac{\pi}{4}\chi^2 \quad ⓤ\ \pi\times\left(\frac{\chi}{8}\right)^2\times16=\frac{\pi}{4}\chi^2$$

この式から、ピザの半径に関わらず、また何等分かにかわらず、ピザの大きさ（総量）は同じことが明白になるのです。

さらに分割ⓔ（64等分）や、変則的な分割ⓞ（小12個と中1個に）したらどうなるかも考えてみました。

ⓔ

ⓞ

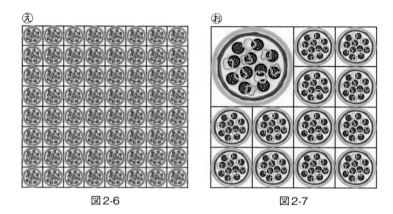

図2-6　　　　　図2-7

ⓔ $2.5\times2.5\times\pi\times64=\underline{\mathbf{400\ \pi}}$

ⓞ $5\times5\times\pi\times12+10\times10\times\pi=\underline{\mathbf{400\ \pi}}$

いくら小さく分割しても、異なる大きさに分割しても、全体の大きさは変わらないことが納得できます。その理由は、正方形をいくつの正方形に分割しても、全体は変わらないし、内接

する円の面積は、正方形の $\dfrac{3.14}{4} = 0.785$ になる（割合一定）ということからも分かります。

　それぞれの正方形に円が内接すると、その隙間部分ができることで印象が変わりますが、正方形が円になっても、全体（総量）の面積は、どれも等しくなり変わりません。

　この現象に不思議な感じを持つ人もいますが、目で見た判断は正しくない場合もあるのです。数式は嘘をつかないという自然の摂理をあらためて感じることができるのではないでしょうか。

【感　想】

＊見たところ、数がたくさんあって⑨が絶対大きいと思いましたが、計算すると同じでした。現実だと、⑨はピザの淵がたくさんあって、損かも知れません。（NN）

＊たくさんに分けるとすきまが小さくなっていくので、私は、あは小さくて⑨が大きいと思いました。人間の目は、確かでないなあと実感しました。（UI）

②アリの運動場

　アリが運動場を走るという架空のお話です。その運動場には、下の図のように3つの走るコースが設定されています。3匹のアリがこの運動場で、3つのコースを走るという設定で、円周の長さにリアリティを感じさせるとともに、子どもや受講生の興味を引き付けるような工夫をしました。

　まず大円のコースAがあります。次に、大円の中の直径の上

に中心をおいて大円に接するように中円を2つ描いた場合の
コースBとさらに中円のなかに小円を4つ描いた場合のコー
スCを設定する3つの走るコースが出来上がります。この3つ
のコースをアリが走るとどのコースが有利（短い）かという問
題です。

　算数朝会で実践し、大変、面白かったので、講義でも取り扱
うことにしたのでした。

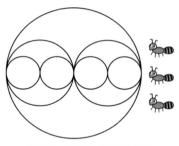

図2-8　アリの運動場の図

図2-9　教具「アリの運動場」

　このアリの運動場を教具（図2-9）として、木工業者に発注し
て製作してみました。具体的にとらえられように、走るコース
の溝に紐がはめ込めるようにし、それを取り出して、長さが比
較できるようになっています。Aコース赤、Bコース青、Cコー
ス黄の3本が等しいことから、目で見て確かめることができる
のです。

　算数朝会では、3本の針金を用意して、舞台の上の小黒板を
用いましたが、講義では、本教具をOHCで大きく写して、提示
しました。

　この問題でも、長さの感覚が人によって違います。算数朝会では、全校朝会で、全員に挙手（走ってみたいコースはどれか）をさせたところ、Cコースが低学年、Bコースが中学年、Aコースが高学年…が何となく多いという傾向がありました。「どれでもない」という高学年の子どももいたので、理由を問うと、「みんな同じ」という声が返ってきて、そのことをきっかけに長さの比較に入っていったのでした。その経緯については「みんなで楽しむ算数面白朝会」（本書p43）のp56～59に詳しく記しています。講義では、おおよそ同じではないかと予想する受講生も結構いて、反応が分かれたのを覚えています。

　さて、確かめに入ります。それぞれの円周は、大円と中円2つ分と小円4つ分が等しくなることは、円周を求める式に表すと、この場合も納得できるのです。

　大円の半径を2rとすると、

　　　大円の円周　　　　　　　　　　　　**4πr**
　　　中円の円周　2πr　　2つ分で　**4πr**
　　　小円の円周　πr　　　4つ分で　**4πr**

　中円の中に描いた小円4つ分の円周も同様となります。3匹のアリが3つのコースを走ると考えると、それぞれ同じ長さになり、平等といえます。

　さらに、次のように話を続けます。

　このように円をどんどん小さくしていくことを考えます。円を小さくしていっても等し

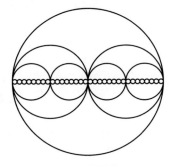

図2-10　さらに細かい円では

いですよね。しかし、やがて小さな円の集まりは1本の線のように見えてしまうということが想像できるでしょう。1本の線のように小さな円の集まりができた時、奇妙なことが起こります。

「小さな円の集まりの円周はやがて1本の線に見えて、円周＝直径となってしまいます」と言うと、受講生は不思議な顔をします。これは、まやかしなのですが、不思議に感じる受講生も少なくなかったようです。

　文字の式では、次のようになります。

$$\left(\frac{4r}{n} \times n\right) \times \pi = \underline{\mathbf{4\pi r}}$$

　大円の直径4rをn等分したと考えます。でも、それがn個あります。

　数式で、nは消えるのです。よって、nがどんな大きな数であっても、つまり、どんなに細かく分割してもすべての内接円の周の合計は **4πr** なのです。ここでもキャサリンの「数式は嘘をつかない」が思い起こされます。

イッツ
アメージング！

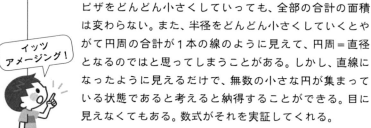

★「センス・オブ・ワンダー」を感じる不思議な法則

ピザをどんどん小さくしていっても、全部の合計の面積は変わらない。また、半径をどんどん小さくしていくとやがて円周の合計が1本の線のように見えて、円周＝直径となるのではと思ってしまうことがある。しかし、直線になったように見えるだけで、無数の小さな円が集まっている状態であると考えると納得することができる。目に見えなくてもある。数式がそれを実証してくれる。

【感想】

＊見えないけれどもあるということは分かりますが、小さい小さい円を描いていくと最後には1本の線のように見えるということも想像できます。でも、顕微鏡で大きく見えたと考えると、そこが円になっていることも想像できます。不思議ですね。(NO)

＊アリの運動場は面白いです。実際に走ると考えるとまるで、童話の世界ですね。(UI)

＊式は嘘をつかないという話は納得しました。算数や数学の式は絶対です。公式も計算も絶対間違いないですね。絶対、1+1＝2しかなりません。(YT)

　円をどんなに小さい円に分割しても、目に見えない大きさになっても数式の上では確かに小円は存在しているのです。

　このことを裏付ける $\left(\dfrac{4\mathrm{r}}{\mathrm{n}}\times\mathrm{n}\right)\times\pi=4\pi\mathrm{r}$ という数式があります。まさに、数式（特に文字の式）の威力といっていいのではないでしょうか？　小さくなった円はやがて眼には見えなくなりますが、**見えないけれどある**のです。

　ここで、金子みすずさんの次のような詩を思い出します。受講生にも紹介しました。

　星とたんぽぽ

　　　　　　　　　　金子みすず

　　青いお空の　奥ふかく
　　海の小石の　そのように
　　夜がくるまで　沈んでる

昼のお星は　目に見えぬ
　　見えぬけれども　あるんだよ
　　見えぬものでも　あるんだよ
散ってすがれた　たんぽぽんの
かわらのすきに　だァまって
春がくるまで　かくれてる
つよい　その根は　目に見えぬ
　　見えぬけれども　あるんだよ
　　見えぬものでも　あるんだよ

③ 円周率の話

　「私たちは、円周率は3でいいと教えてもらいました」と言う受講生がいました。そこで、円周率について考えてみることにしました。

　一時、円周率は3になったという話が、教育の現場と世の中で広まったことがありました。それは、うわさで、当時の学習指導要領「算数科」（平成11年告示）には、次のように書いてあります。

　（4）…（前略…**円周率としては、3.14を用いるが、目的に応じて3を用いて処理できるよう配慮するものとする。**（5年内容の取扱い（4））

　小学校学習指導要領解説算数編では、「円周率では3.14を用いるが、面積を求めるなど円周率を用いた処理では、目的に応

じて3を用いることができるように配慮することを示しています。これは、円周の長さや円の面積の見積りをするなど目的に応じて適切に処理できるようにするとともに、児童に必要以上の計算による負担をかけないようにして、児童が考えることの時間を確保するよう配慮する必要があるからである。…」と述べられているのです。

　つまり、円周率は、あくまで3.14なのです。丸い池の周りや、運動場に描いた円などの面積を求める場合など、およその量を見積もる際には、3でもよいということで、普通、学習では3.14を用いると、私は解釈していました。

　この円周率に関して、緑表紙の教科書の解説書に、次のような記述があります。

「…児童用書では、実験によって3.14に近いものを求めさせた上で、なお、円の中心から等距離にあるような理想的な円について、むずかしい詳しい計算をすると、3.14159…と幾らでも続く数であるということが知れることを教える。実際にかような円を画いたり、見つけたりすることは出来ないが、数学では、かような円を考えて、それについて色々研究するものであって、数学をさらに勉強するとかような点がわかるようになることを説き聞かせ、**数学が厳正なものであることについて理解を与えると共に、数学を学ぼうとする心を振起させる一助とする**。…実際には、幾何学的に正確な円が存在しないことであるから、円周率を3.14として用いて差し支えないことは教えねばならぬことである。…」

　やはり、この頃より、円周率は3.14なのです。

これからも講義で用いることに
なる「緑表紙の教科書」について、
ここで説明しました。

若き頃のことです。大阪教育大
学の恩師三輪辰郎先生（故人）か
らお薦めいただき、戦前の算数
教科書を復刻した『尋常　小學算
術　復刻版』（啓林館）を購入いた
しました。当時の私には、高価な

図2-11　『尋常　小學算術
復刻版』（啓林館）

物ではありましたが、それは戦前の優れた算数教科書で、今読
み直しても価値があると言われ、手にしてみると、仮名遣いな
ども昔のままで、歴史を感じるとともに、内容的にも随分と興
味をそそられる部分が多くて大変貴重な本であると感じたので
した。それは「緑表紙の教科書」とよばれるもので、受講生にも、
実物（復刻版）を見せて、簡単に説明しました。「算数教育指導
用語辞典」（2004年　教育出版）では、次のように説明されてい
ます。

「緑表紙の教科書とは、文部省が昭和10年から15年までの6
年間に毎年1学年ずつ出版した国定教科書で、各学年上下2冊
から成り、児童用と詳細な解説をした部厚い教師用とがある。
正式な名称は『尋常小学算術』と記され、当時は「小学算術」と
よんだ。表紙の緑色から『緑表紙教科書』とよぶようになった。」

もし円周率が、3だったらと考えると面白いいことが分かります。
円周率を3と考えてみると、こんなことが起きてしまうのです。

円周は、直径×円周率なので、円周は直径の3倍、半径の6

倍となります。それは、円周ではなく、正六角形の周の長さになります。円周は、$2\pi r$、なので$\pi = 3$なら、円周の長さは、$6r$となり、これは**正六角形の周の長さ**なのです。

次に、面積ですが、円の面積は、半径×半径×円周率（$r \times r \times \pi$）なので、円周率が３なら、$3r^2$です。

また、正十二角形の面積は、次のように求められます。たこ形の面積＝対角線×対角線÷２を用いる方法（図2-14）ですが、案外知られていません。$r \times r \div 2 \times 6 = 3r^2$で、円周率が３なら、円の面積と**正十二角形の面積**が同じ結果になるのです。

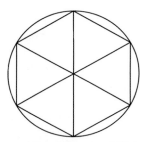

図2-12　円周は正六角形の周と等しい

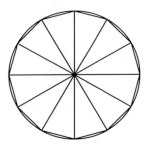

図2-13　円の面積は正十二角形の面積と等しい

正十二角形の面積は、ある県の教員採用試験の問題として出題されたことがありますが、模範解答などでは12個のうちの１つの二等辺三角形の面積を求めて、12倍するという方法が用いられるのですが、二等辺三角形２つ分を**たこ型**（図2-14）とみて、対角線×対角線÷２で半径×半径÷２×６（たこ型６個分）というように、簡単に

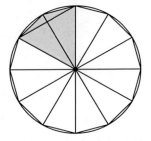

図2-14　正十二角形の面積の求め方

求められるのです。

【感　想】
＊正十二角形の面積の求め方で、たこ型の面積の求め方を使うと簡単なのが分かりました。三平方の定理を使わなくて済むところが最高です。（YN）
＊私たちはゆとり世代と言われていました。円周率も３でいいと言われていたように思います。だから、数学が苦手だったのかも？（KT）
＊円周率３なら、円周や面積を求めた時、円とは言えない形の周や面積になるので、やはり3.14でなければならないと思いました。

　円周率が３なら、円周は正六角形の周と同じになり、面積は正十二角形の面積と同じになります。誤差というにはあまりにも大きく円周率は3.14でなければならないと言えます。

④ 蜂の巣の部屋の形

　蜂の巣の形には、秘密があると言われています。何が秘密なのでしょうか？　私たちは、（図2-15）のように１つずつの部屋が六角形の形をしていて、それがぎっしり敷き詰められた形状をしていることに疑問を感じます。人間の部屋では、長方形、正方形が常識的ですが、**蜂の巣の部屋は六角形**であるということに不思議さを感じるようです。では、なぜ、六

図2-15　蜂の巣の形

角形なのか、その理由について、蜂は語ることはできませんが、人間は勝手に想像するのです。

　それは、部屋を作るという行為を考えた時、周りの長さが同じ場合、広さはどうなるかということです。いくつも敷き詰められられる形を考えたとき、六角形が最も面積が大きくなるのです。その理由（合理性）に感心するのです。効率的という観点からとらえがちな、いかにも人間らしい考え方ですが、もしかして、本当に蜂自身がそう考えているとしたら、実に蜂は賢明で、自然界の**謎の事象**という他ありません。では、どれほど広さに差がでるのか、まず、計算して実証してみることにしましょう。どれくらい大きさ（広さ）が変わるのか調べてみたのです。平面を敷き詰められる形にはどんなものがあるのでしょうか？

　次の図（図2-16）のような、例えば6つの図を考えたみた時、**隙間なく敷き詰められる形**は、この中の正三角形、正方形、正六角形の3種類（⑦⑦⑤）です。これ以外にはないようです。

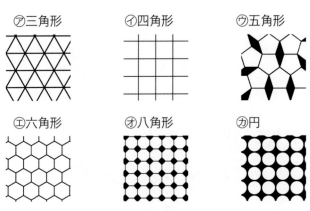

⑦三角形　　⑦四角形　　⑦五角形

⑦六角形　　⑦八角形　　⑦円

図2-16　敷き詰めの図

　ここで、周りの長さを一定にして、実際に計算して、面積を比べてみることにしました。

　例えば、周りを、1辺の長さを計算しやすい 12cm とし、それぞれの面積を求めてみることにします。

・正三角形では

1辺　$12 \div 3 = 4$　4cm（底辺）　高さは、$2\sqrt{3}$ cm

$$4 \times 2\sqrt{3} \times \frac{1}{2} = 4\sqrt{3}$$

面積は約 6.9cm^2

・正方形では

1辺　$12 \div 4 = 3$　3cm

$$3 \times 3 = 9$$

面積は 9cm^2

・正六角形では

1辺　$12 \div 6 = 2$　2cm　　高さが $\sqrt{3}$ cm　の三角形が6個

$$2 \times \sqrt{3} \times \frac{1}{2} \times 6 = 6\sqrt{3}$$

面積は約 10.4cm^2

　周りの長さが同じなのに、次のように面積が異なることが分かります。

正三角形　6.9cm^2　　正方形　9cm^2　　正六角形　10.4cm^2

　正三角形➡正方形➡正六角形としだいに大きくなっていることに気づきます。

　どれぐらい大きさが変わるのでしょうか？　割合を求めてみます。

　$10.4 \div 6.9 = 1.51$　正六角形は正三角形の 1.5 倍以上になり

ます。

10.4 ÷ 9 = 1.16　　正六角形は正方形の 1.2 倍ぐらいになります。

このように、正六角形は、周りの長さが同じ場合で、かなり広い部屋を確保できるということです。これを、材料という視点で考えると、きわめて効率的といえるのではないでしょうか。敷き詰められる 3 つの形の中で、広さという点で、正六角形が最適ということが立証できました。蜂がそのことを知って意図的に行っているのかどうかは蜂のみが知るということで、定かでありません。それが、「自然の摂理」として生じたものかも知れないとしても、なんともうまくできていることに、不思議さを感じます。

★「センス・オブ・ワンダー」を感じる不思議な法則

蜂の巣の部屋は、正六角形が敷き詰められた形をしている。それ（正六角形）は、部屋の周りの長さが同じで、敷き詰められる正多角形の中で最大の面積が得られる形であるという。これは、蜂が意図して作ったのかどうかは定かではないが、蜂が自然の知恵を持っているからかも知れないと考えると不思議である。

イッツ
アメージング！

さらに、六角形に着目すると、雪の結晶（図 2-17）も六角形、サッカーゴールのネットの網（図 2-18）の形も六角形になっているといいます。よく見るとそうなっているのです。

ネットの形が六角形（ハニカム構造）である理由は、サッカーのシュートが決まった時に、六角形のネットだとボールがふん

図2-17　雪の結晶

図2-18　サッカーゴールの網

わりと跳ね返るそうです。だから、歓喜の瞬間が正方形のネットより多少長くなるということで変えたそうです。ここにも形の不思議が見られるのです。また、国立競技場のトラックの裏面も、どの方向からの衝撃も吸収できるようハニカム構造になっているのだそうです。

　一方、拡散的思考として、敷き詰められるということを条件として、考えないならば、一つの形として、どんな正多角形が最も広くなるのだろうかを考えてみることにしました。

　当然かも知れませんが、周りの長さが等しい場合で、正三角形から順に正四角形（正方形）、正五角形、正六角形、正七角形、…正□角形…と辺の数□が多くなるにしたがって、面積は大きくなっていくことが分かります。最終的に行きつくのは、周りが同じ長さの形（正多角形に限らず1本の線で考えてみても）で、円が最も広くなるということが分かりますが、私には、この法則も面白いと感じます。**円の秘密**と言ってもいいかも知れません。

　周りが12cmの正十二角形と円の面積も求めておきます。

　正十二角形の面積については、右のような図2-19で、1辺

1cm の正方形 6 個と、1 辺 1cm の正三角形 12 個の面積の和と見る方法を簡単に説明し、提示しました。

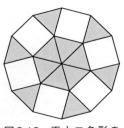

図2-19　正十二角形の面積

・正十二角形の面積（参考）

$6 + 3\sqrt{3} = 11.19$

面積は、約 11.2cm^2

・円では

$12 \div 3.14 = 3.8\cdots$　半径約 1.9

$1.9 \times 1.9 \times 3.14 = 11.33\cdots$

面積は、約 11.3cm^2

正□角形の面積は、周の長さが 12cm で等しい場合、円に向かってどんどん広くなっていくことが分かります。

比較的、求めやすいものを求めて順に並べてみると次のようになります。

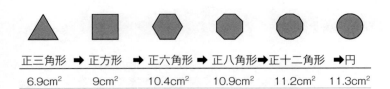

正三角形	➡	正方形	➡	正六角形	➡	正八角形	➡	正十二角形	➡円
6.9cm^2		9cm^2		10.4cm^2		10.9cm^2		11.2cm^2	11.3cm^2

広い敷地の中で 1 つの部屋を作ると考えた時、円形が最も広い部屋になるということです。モンゴル族の家を「ゲル」（図 2-20）といいますが、その多くは円の形をしていることも、もしかして、面積を広くするためかも知れないと想像できるのです。

図2-20　モンゴルのゲル

【感想】

＊蜂は巣を作るとき、大きく広くなることを考えて、六角形にしたとすれば、天才ですね。蜂にも心があると考えるととても不思議です。自然界にも、数学が隠れていると絶対思います。(SD)

＊サッカーゴールや雪の結晶の話を聞いて、六角形には秘密があると思います。もっと捜せば、六角形の物があるような気がします。(UI)

＊人間の家では、円の部屋はそうありません。円の部屋だと広くなるので、私は円の部屋を作ってみたいです。モンゴルの人みたいになりますけど。(KH)

イッツ
アメージング！

★「センス・オブ・ワンダー」を感じる不思議な法則

周りの長さが等しい正□角形において、□が大きくなればなるほど面積は大きくなる。そして、円になった時、最大の面積になる。それは、円の秘密の一つといえる。

第 **3** 章

日食ハンター

① 皆既日食への興味・関心

　私は、子どものころから、人工衛星やロケットなどとともに宇宙の存在に大変興味がありました。月や太陽、太陽系の惑星、銀河…等々、その未知なる神秘さに子ども心ながら、よく思いを馳せていました。特に、宇宙の果てはどうなっているのだろうか？　と考えることもしばしばあったと思います。

　12歳の頃だったと思います。1961年、ソ連による宇宙船ボストーク1号が打ち上げられ、有人衛星が地球を周回したというビッグニュースを今でも覚えています。宇宙空間から地球を臨んだガガーリン少佐（ソ連）は、「**地球は青かった**」という言葉を残し、その言葉が地球上を席巻し、我々の宇宙への憧れ・関心をマックスに引き上げてくれました。当時、小学生ながら、新聞記事をせっせと切り抜いた記憶があります。このできごとが影響したのか、小学校の卒業文集には、私は「将来、科学者になりたい」と書いているのです。

　その後、アメリカによる月面着陸のニュースが世界を駆け巡りました。アームストロング船長（アメリカ）は、「人間にとって小さな一歩だが、**人類にとっては大きな飛躍である**」という言葉を残し、さらに宇宙への興味・関心が高まりました。1969年、私が大学生（20歳）の頃だった思います

図3-1　宇宙飛行士

　最近、アームストロング船長の半生を描いた映画「ファーストマン」（2019年1月公開）を鑑賞しましたが、その当時のことが断片的に蘇ってきました。

　そんな子ども時代から月日は流れ、私は小学校の教員になり、1997年には、A小学校の校長職にありました。

「皆既日食」という現象にも強い興味と関心を持っていましたが、1999年の8月のある日、20世紀最後の皆既日食が南部アフリカで観測されました。当時の新聞でも、大々的に報道され、世界の話題となっていました。小学校の校長という職にあって、その報道の翌週月曜日の児童朝会で、子どもたちに、その現象の不思議さ、神秘さを熱っぽく語ったことが思い起こされます。そして、その年の6年生への卒業前の校長による授業で、私は、皆既日食を題材に取り上げたのでした。しかも、算数科の授業として「図形の拡大と縮小」と関連させて行ったのでした。さらに、1999年度の学校新聞「卒業生に向けて」に、次のような詩を書いていました。

皆既日食

小西豊文

「皆既日食」を見たことがありますか。
太陽と月が重なって、太陽が月の後ろに隠れます。
大きさの違う太陽と月、地球からの距離の違う太陽と月なのに
地球では、同じ大きさに見えることが分かります。
科学者の調べによると、太陽と月の大きさの比が四百対一
地球からの距離の比が、また四百対一なのだそうです。
別々にできたものなのに、偶然の一致なのでしょうか。
人間のために造った神のいたずらかも知れません。

「不思議だなぁ」と思いませんか。
宇宙の神秘としかいいようがありません。
世界は、未知なることや不思議なことに満ち溢れています。
それらに思いを馳せ、驚嘆する感性を磨いてほしい。
宇宙の神秘や地球の美しさを感じ取れる人になってほしい。
苦しいときや悲しいときには、天空に思いをぶつけてみよう。
何て、小さなことなのかと気づくかも知れません。
宇宙の果ては、無限です。人の魂も無限です。
冬がくれば次は春。夜になればやがて朝。
自然を愛し、人を愛し、自分を愛し、力強く生きていこう。

さらに、2009年7月22日、大阪でも部分日食が観測できることを知って、大阪市立科学館の横の広場で、観測に集まった多くの人々と

図3-2　2009年の日食グラス

共に、日食グラスをもって観測に臨んだこともありました。

　以上のような「皆既日食」を巡るいろいろな思い出があります。

　このような思い出と自らの感動体験から「算数概論」の講義で「センス・オブ・ワンダー（不思議さに目をみはる感性）」を育む教材として、テーマ「日食ハンター」を構想し、実践することにしたのです。

② 皆既日食と「日食ハンター」

「**皆既日食**」とは、地球上で見られる天体現象で、それを観察できる場所も時間も限定されるという極めて特殊なものです。しかも、地球からの月と太陽までの**距離の比**が「約1：400」で、月と太陽の**直径の比**も「約1：400」であり、ほぼ一致するという偶然というにはあまりにもできすぎた事実が引き起こす人類にとっての宇宙レベルでの、ドラマチックで、不思議な現象であると思います。

　このような皆既日食の観測に魅せられた私は、「次は、いつどこで、観測できるのだろうか？」という興味・関心から、「皆既日食ハンターズガイド」（2008年　INFASパブリケーションズ）という本を購入していました。その本は、世界のどこでいつ見られるか等が詳しく書かれた皆既日食に魅せられた人々の好奇心を駆り立てる面白い本なのです。

　その本の中で、日食現象に魅せられ、何年かに一度、ある日に特定の場所でしか観察できない皆既日食を追い求めて世界を旅するという贅沢？　な人々のことを「**日食ハンター**」（エクリプスハンター）とよんでいるのです。

　講義では、内容に興味を抱かせるように、各講義全15回のタイトル名を、何だろう？　と思わせるように工夫をしていて、第5講を「日食ハンター」としました。

　どの回も、受講生の興味や関心を高め、「センス・オブ・ワンダー」を育むことを目論むとともに、これまで（小・中・高等学校）学習してきている算数数学の内容を振り返り、新たな視点で深く学び直し、理解の深化・充実を図ることにありました。

ここでは、小学校算数での「図形の合同及び拡大・縮小」、中学校数学での「図形の相似」等の理解の深まりを目指すことにしました。

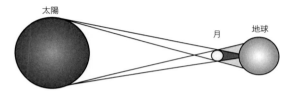

図3-3　太陽と月と地球を真横から見たモデル図

　本実践では、図3-3のような皆既日食を横から見たモデルとなる図の中に、図形の相似が見られ、皆既日食のを真横から見たモデル図を基に、実際に**シミュレーション**の実験（実演）によって体感的な理解を図ろうと考えたのでした。

　人物の観点からは、「毛利衛氏」を登場させたいと考えました。彼が、宇宙飛行士になろうと決意したきっかけは、皆既日食の観測の自らの体験であったといいます。彼もまた「日食ハンター」の一人といえるのでした。

　事象の観点からは、「天岩戸の神話」を取り扱いたいと考えました。この神話は、大昔の人々が皆既日食への畏れから誕生したのではないかと想像されており、そのことは、皆既日食の神秘性を強く感じさせるとともに、その後、現象の仕組みが明らかにされていくという科学の進歩にも思いを馳せることもできると考えたからです。

　実演の観点からは、「皆既日食のシミュレーション」を体感させたいと考えました。太陽、月、地球の模型とその大きさ・位

置関係から皆既日食の現象の観測を想像させるという体験と図形の相似との関係を結び付けることによって、皆既日食の起こる原理そのものの理解を図りたいと考えたのでした。

　以上のような3つの教材開発の観点を踏まえて、第5講「日食ハンター」の講義内容を構想し、ここでは、その展開の順序を追って、受講生が「センス・オブ・ワンダー」を感じていると思われる感想の一部（抜粋）も取り上げながら、その過程について考察していきます。

③ 皆既日食という現象について

　算数概論では、まず、皆既日食の写真によりその現象を知らせました。

　太陽と月が見た目でぴたりと重なった時、その端が光り輝き、ダイヤモンドの指輪ように見える現象「**ダイヤモンドリング**」と言われますが、その写真（図3-4）を提示しました。そして、この現象が、極めて不思議な現象であることに着目させました。

　日頃は、個別に見ていた太陽と月が、重なって見えるという現象の不思議さを感じさせるために「太陽の方が大きいはずなのにどうしてピタリと重な

図3-4　ダイヤモンドリング

るのか？」と問いかけ、考えさせました。受講生は、太陽が大きく、月は小さいこと、太陽は遠くて月は近くであることは知っていました。そして、目で見えている大きさは、実は**ほぼ同じ**であることを確認し、地球は太陽の周りをまわる惑星で、月は地球の衛星なので、その中で重なって見える時があること等を解説しました。

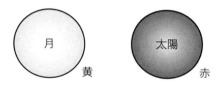

図3-5　太陽と月の模型（平面）として丸く切り抜いた
　　　　２つの円（黄と赤の直径34㎝の円）

　そして、黒板に図3-5のような太陽と月の２つの模型（円形）を掲示しました。このように、同じ大きさに見えているけれど、月は近くにあり、太陽は遠くにあるので同じ大きさに見えていることを説明し、実際に、次のような方法で体感させることにしました。

　牛乳キャップ（直径3.4cm）を棒に取り付けたもの（月に見立てる）を用意し、それを持って腕を伸ばし、片目をつむって見ることを約束して、赤い円（太陽に見立てる）を見ます。後ろに下がりながら、ある位置まで離れたときに赤い円とキャップが重なって見えることを体感させるという実演（シミュレーション実験）です。

【シミュレーション実験の方法】（図3-6）

① 月に見立てた円A（牛乳キャップ）と太陽に見立てた円
　 B（厚紙の赤い円）を用意する。

② 円Aを割りばしに取り付ける。

③ 円Aを一人が持ち、円Bをもう一人が持つ。
　 （受講生の代表実演）

④ 円Aを右手に持って、前にまっすぐ伸ばし、片目を瞑る。
　 （腕をまっすぐ伸ばすと目から約60cmのところに円A
　 がくる）

⑤ 円Bを持ったもう一人は数メートル離れたところに立つ。

⑥ 円Aと円Bがピッタリ重なって見えるところまで離れる。

⑦ 2人の間の距離を測る。

赤い円と牛乳キャップでやってみよう！（実演）

図3-6　シミュレーション実験

　ここで、牛乳キャップが月のモデル、赤い円が太陽のモデル
と考えた実験であることを再度確認し、このような実験を「シ
ミュレーション実験」ということを知らせました。

　2つの円が重なって見えた時の距離を示し（測り）円Aと円
Bの大きさも確認します。

　以下の数値を提示しました。

表3-1　シミュレーション実験の数値

月のモデルの直径　円A	太陽のモデルの直径　円B
3.4cm	34cm
月のモデルまでの距離	太陽のモデルまでの距離
60cm	6m（600cm）

　これらの数値から、

大きさの比（3.4：34）と距離の比（0.6：6）

がどちらも1：10で同じであるというきまりをみつけさせま
した。つまり、近くの物は大きく見え、遠くのものは小さく見
え、そして、距離の比と大きさの比が同じとき、重なって見え
る（同じ大きさに見える）という**遠近法の原理**を知らせます。そ
の中には、比が等しいというきまりがあることを確認しました。

月のモデルの直径：太陽のモデルの直径＝1：10
月のモデルまでの距離：太陽のモデルまでの距離＝1：10

★「センス・オブ・ワンダー」を感じる不思議な法則

イッツ
アメージング！

遠くのものは小さく見え、近くのものは大きく見えることは実感できるが、その見え方においては、距離の比と大きさの比が同じ場合、同じ大きさに見えるという遠近法の原理が成り立っているのが不思議である。

　次に、実際の月と太陽の大きさと地球からの距離の比を知らせ、三角形の相似の図から皆既日食が起きる原理の理解を図ります。自分が宇宙空間に飛び出して行って、真横から見るという状況に立つには、かなりの想像力が要りますが、自分が**宇宙の中に飛び出して**月と太陽を見るということを想像させました。

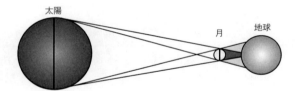

図3-7　太陽と月と地球を真横から見たモデル図

　真横から見た図に、三角形の図を描き込むことで、図形の相似と関連付けて理解が図れるようにしました。

　月と太陽が重なって見えるということは、シミュレーション実験に当てはめて考えると、大きさの比と距離の比が同じではないかと推察させます。

　そして、それが、実際およそ 1：400 であることを知らせ、皆既日食が起きる原理の理解を図ります。

　実際の数値（表 3-2）を提示し、およそ 1：400 であることを

確かめます。先に行ったシミュレーション実験との関連を想起させました。大きさの比と距離の比が1：400で同じということと皆既日食の関係を考えさせます。

表3-2　月と太陽の直径と地球からのおよその距離

月の直径	太陽の直径
3470km	1390000km
地球から月までの距離	地球から太陽までの距離
384000km	150000000km

実際に電卓で計算し、およそ1：400であることを確かめました。

月の直径：太陽の直径＝1：400（400.576…）
地球から月までの距離：地球から太陽までの距離＝1：400（390.625）

先ほどの真横から見た図をもとに、図形の相似の考え方で皆既日食を説明してみようという課題を示し、その前に、**相似**について復習しました。

・相似とは（意味）
・相似の記号
・三角形の相似条件
・平行線と三角形でできる相似

皆既日食での太陽、月、地球の位置関係と真横から見た図で関係をとらえさせます。

この図のどこに相似の図形が見られるかを確認します。（図3-8）

相似の三角形があることをモデルの図で確認します。

図の上で、1：400になっていると想定して考えます。

平行線と三角形の相似の関係をまとめます。（図3-8 △ABCと△ADEが相似になる）

大きさの感覚を具体例でとらえて、そのイメージをもたせました。

月をパチンコ玉（直径約1cm）とすると、太陽は直径400cm（4m）の球で、この教室の天井を突き抜けるほどの球であることを説明し、大きさを想像させました。こ

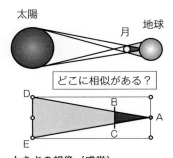

どこに相似がある？

大きさの想像（感覚）
月をパチンコ玉（直径1cm）とすると、太陽は直径400cm（4m）の球になる！

図3-8 真横から見た三角形を想像してみよう！

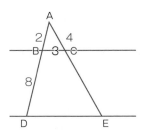

図3-9 平行線と三角形の相似の関係

のように、とてつもなく大きさが違っても、距離は、目とパチンコ玉まで1cm、大きな球まで4m離れていて、同じ比になることから、重なって見えるということを想像させました。こういう、具体的な事物の例示で推し量るという力が数学では重要だと考えています。

　ここで、なぜ、月も太陽も大きさの比が１：400なのか、理由を問い、想像させました。受講生は、分からないと答えざるを得ませんが、その不思議さに目を向けさせるために、あえて問いました。

　受講生は１：400になっている理由については「分からない」ので、「宇宙300の大疑問」（2000年　講談社ブルーバックス）という本に書かれている、次のようなQAの記述を紹介しました。

Q86　皆既日食の時、月がちょうど太陽を隠せる大きさなのは偶然ですか？

A86　おそらくそうだろう。太陽系の他の惑星に目を向けると、惑星の表面から見た衛星のみかけの大きさはいろいろである。地球には衛星が１つしかないので、人々はこれが偶然であることに気づかないだけだ。

　これが、現在までの宇宙の研究成果を踏まえた見解であろうとは思いますが、受講生らは、「偶然」という説明について、あまり納得できないという感じでした。そのことは、私の意図するところで、不思議で神秘的だという思いを倍加させることができました。

【感　想】

＊太陽の方が大きく見えていると思っていましたが、月もほぼ同じ大きさだなんて初めて知りました。目の錯覚でしょうか？（YH）

＊宇宙はどうしてできたのか？　だれが作ったのか？　分からないことだらけです。皆既日食が偶然と言われても、何か理由があって、

その理由が、まだ見つかっていないだけかも知れないと思います。それは、あまりにも不思議だからです。(TK)

＊牛乳キャップで円を見ると、ある所でピタリと重なる実験にはビックリしました。以前、ハルカスの屋上から車が小さく見えたけど、それは距離によって見える大きさがきまるということにあらためて気づきました。算数数学は不思議ですね。(AH)

④ 皆既日食を巡る話題と発展

　さらに、皆既日食の不思議さを感じさせるエピソードを知らせ、感想を持たせました。それは、皆既日食がいかに不思議な現象であるかを感じとらせるためです。

　1つ目は、「**天の岩戸**」の神話です。想像図を提示し、昔の神話の内容を、次のような話で、概略を紹介しました。

「スサノオの尊と、その姉アマテラスのお話です。スサノオは乱暴者で、暴れ放題でした。あるとき、スサノオは屋根の上から死んだ馬の皮を投げつけました。怒ったアマテラスは天の岩戸に引きこもってしまったのです。太陽の神、アマテラスが隠れて天も地も真っ暗になってしまいました。困った神たちは、お祭り騒ぎをしてアマテラスの気を引きつけ、アマテラスがそっと岩戸から覗いたすき間に力の強い神が手を入れて岩戸を開けたのでした。それで、世の中に光が戻った」というお話です。

　それは、当時、何も知識がなかった時代の皆既日食現象への畏れから生まれた神話ではないかと考えられているようです。

　2つ目は、「日食ハンター」という本をもとに、宇宙飛行士、**毛利衛氏**のエピソードも紹介しました。

「毛利衛氏は、1992年9月、スペースシャトル『エンデバー』に搭乗した日本人初の宇宙飛行士です。彼が、宇宙飛行士になろうと決断したのは、兄に連れられて、高校1年の夏、北海道で見た皆既日食だったといいます。人生を変えるほど、皆既日食には感動とインパクトがあったと、彼は述懐しているのです。そういう彼も『日食ハンター』であったのです」

　神話の話及び毛利衛氏のエピソードから、皆既日食の神秘性、美しさ、不思議さをより一層、感じさせたのです。

　次のような感想のための視点を示し、講義の終わりには「センス・オブ・ワンダー」に着目した感想が書けるようにしました。

「月と太陽の大きさ（直径）の比と地球から月と太陽までの距離の比が偶然にも、約1：400だから、皆既日食が起こるなんて不思議ですよね!?　同じ比になるのは単なる偶然？　神様の仕業？　どう思いますか？　図形の相似の見方を使って皆既日食を説明できましたか？」

★「センス・オブ・ワンダー」を感じる不思議な法則

皆既日食は、地球から月までの距離と太陽までの距離がおよそ1：400であり、また月の直径と太陽の直径の比もおよそ1：400であることから起こる現象である。しかも、そういう比になっているのは偶然であるらしいと言われても、なんとも不思議な気がして、単なる偶然というのは納得できない。

イッツ
アメージング！

　次に、講義では、下のような発展問題1を与えました。

　本問題は、小学校の算数の実践例としても取り上げられているものです。この事例は、坪田耕三著「教科書プラス坪田算数6年生」（2007年　明治図書）のp82～84「**満月と5円玉**」に掲載されています。事例では5円玉の穴の大きさや視角まで求めて考察しています。坪田耕三氏（故人）は、私が知っている算数教育研究者の中で、最も授業の名人と言える方でした。彼の授業を見るために、彼が授業する研究会を追いかけた時期もあります。

　太陽と月の関係が、月と5円玉の穴の関係で実感できると考えられます。

　5円玉で、シミュレーションの動作を示し、「本当に5円玉の小さな穴に満月がすっぽりはいるのだろうか？」とういう疑問をかきたてました。その際、5円玉を持つ腕はぴんと伸ばすこと、片目を瞑って行うことなど動作の留意点を確認しました。

　受講生には、家に帰ってからの夜にやってみるよう促しました。

発展問題1　実際、夜道でやってみよう！

図3-10　満月と5円玉

【感 想】
＊後日、受講生の数人が実際にそのように見えたと報告に来てくれました。

　次のような5円玉の穴で月を見る場面の発展問題2を提示しました。

発展問題2

月のみかけの大きさは、腕をいっぱいのばして持った5円玉の穴の大きさと同じであると聞いたので、満月の夜確かめてみると、ほぼその通りであった。地球と月の距離が38万kmであることは前から知っていた。これらのことから月の直径を計算するためには、あと何を測れ

ばよいか。次のア～カからすべて選び、記号で答えなさい。
  ア　5円玉の直径
  イ　5円玉の穴の直径
  ウ　両目の間隔
  エ　地面から目までの高さ
  オ　月の高度
  カ　目と5円玉の距離

　ある塾の電車内PR掲示物で見かけて、この問題を知りました。私立中学校の入試問題に出たことがあるようです。早速、ポスターを要望すると、現物を送っていただくことができました。

【感想】

＊皆既日食の現象が相似につながるとは思ってもみませんでした。皆既日食という興味のわくような話から、相似の話が始まるとそれに置き換えて考えるから分かり易くなると思いました。リアルに考えられて楽しかったです。（TK）

＊比は比、図形は図形、皆既日食は理科分野というようにそれぞれ単体で習ってきた私たちは、すごく損している気もちになります。日常のことも、数学的な見方でアプローチできることが分かりました。（MH）

＊皆既日食は謎ですが、それをめぐって神話が誕生したと聞いて、うきうきして楽しかったです。算数の世界は広いです。（IY）

＊毛利さんは知っていたけど、宇宙飛行士になろうと思ったのが皆既日食とは意外でした。それだけインパクトが強かったのですね。人の一生を決めるほどですが、私はただ「不思議！」だけで終わってしまいそうです。（NT）

　エピソードを取り扱ったことで、いかに不思議な現象である

かをより感じさせ、感動を倍加させるとともに数学の身の回り
へのつながりも実感させることができたと考えています。

　シミュレーション実験を行い、体感的に理解を図ったことに
ついて、今回取り扱った実験は、遠近法の原理でもあり、日常
体験していることですが、相似と関連付けて、数値として明ら
かにすることの経験はなかったと思われます。

　日々目にしていることに対して、新たに算数数学の目線でも
のごとを観ることに結びつけられたという効果がありました。

第 **4** 章

不思議な木の生長

① 2つの変わり方

佐藤修一著「自然にひそむ数学」（1998年　講談社ブルーバックス）の表紙（図4-1）にある木の絵が描かれています。この本によると、ケヤキの木の90％以上が、ある法則（フィボナッチ数列の変化）で、枝分かれし、生長するというのです。本書は、「自然と数学の不思議な関係」をテーマとして書かれているのですが、私にとって、感動的で、まさに「センス・オブ・ワンダー」を感じさせてくれる現象だったのです。

図4-1　佐藤修一著「自然にひそむ数学」

この出会いから、文部科学省編「個に応じた指導に関する指導資料小学校算数編」（平成14年　教育出版）（図4-2）の「**発展的な事例**」の執筆にあたって、枝分かれの問題を取り上げたのが最初でした。その後、「算数概論」で、「不思議な木の生長」をテーマに講義の内容として取り扱うことにしたのでした。

図4-2　文部科学省編「個に応じた指導に関する指導資料小学校算数編」

発展的な事例では、2つの変わり方を示し、変化を横に見て、きまりを見つけるという新しい方法に気づかせました。その2つの変

わり方とは、次のような変わり方です。

　1つは、「**前の数の2倍が次の数になっていく変わり方**」で、もう1つは「**前の数とその前の数をたすと次の数になっていく変わり方**」で、2つを対比的に変化のきまりに着目させたいと考えました。

　前者は、$y = 2^x$ の**指数関数**です。小学校の学習範囲では、対応関係だけで式に表すことができません。後者は、いわゆる「**フィボナッチ数列**」といわれる数の変わり方で、この木の枝分かれの法則です。

　どちらも、木（ある木Aとある木Bとして）の枝分かれの変化の様相を設定し、どちらも横に連なる変化を見て、きまりを見つけるというこれまでの手法と異なる見つけ方をさせることを企図しました。そして、後者は実際の木等に見られる変わり方であるとも知らせ、自然界と数学の結びつきを感じさせる展開を試みました。

（ある木A）年数と枝分かれの数の変化

年数	0	1	2	3	4	5	6	7	8	9
枝分かれの数	1	2	4	8	16	32	64	…	…	…

（ある木B）年数と枝分かれの数の変化

年数	0	1	2	3	4	5	6	7	8	9
枝分かれの数	1	1	2	3	5	8	13	…	…	…

　ある木Aは、数学的には、$y = 2^x$（指数関数）の変わり方をします。前の数の2倍が次の数になっていく変わり方です。横に連なる変化の様相は次のようになります。

変化A　1➡2➡4➡8➡16➡32➡64➡128➡256➡512……

　最初は、少しずつの増加を示しますが、変化が進むにつれて、**爆発的な増加**を示すという印象をもつ変化になると考えられます。日常的な数の感覚からすると、急激な増加を感じます。

　一方、「フィボナッチ数列」の変わり方は、前の数とその前の数を加えて、次の数が見つかっていくという不思議な変化をします。数学的にいうと、次のようになります。

　フィボナッチ数列とは、「$F_1 = F_2 = 1$、$Fn + 1 = Fn + Fn - 1$（$n \geq 2$）」と**漸化式**で定義される数列です。（漸化式とは、数列の各項を、その前の項から順にただ1通りに定める規則を表す等式のことです）

　具体的な数値で表すと、横に連なる変化の様相は次のようになります。

変化B　1➡1➡2➡3➡5➡8➡13➡21➡34➡55……

　ある木Bは、前の数とその前の数をたすと次の数になっていく変わり方です。

　発展的な事例でも、算数概論でも、この2つの変わり方を取り上げ、その不思議さ、面白さに着目させ、「センス・オブ・ワンダー」を育むことを目指したのです。

　講義では、ある木の枝分かれがどのように変化していくかを具体的に、映像的に提示し、木の枝分かれの法則（きまり）を見つけさせることにしました。

【ある木Ａの枝分かれの法則】

・１年目に太い枝が伸びる。

・２年目に枝は２つに分かれる。

・３年目には、それぞれの枝が
　また２つに分かれる。

という規則で生長していくと
します。

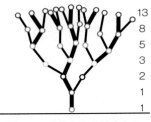

図4-3　ある木Ｂの枝分かれ

【ある木Ｂの枝分かれの法則】

・１年目に太い枝が伸びる。

・太い枝は次の年に太い枝と細い枝に分かれる。

・その次の年の太い枝は太い枝と細い枝に分かれる。

・　　〃　　　細い枝はそのまま細い枝が伸びて、その次の年
　は太い枝と細い枝に分かれる。…

という法則で生長していくとします。（図4-3）

　どちらも、枝（太い枝と細い枝）の模型を使って、黒板でその
枝分かれの様子を再現し、法則の理解を図るとともに、ある木
Ｂについては、アニメーション（パワーポイント）でも提示しま
した。

　その後、表に表し、横に連なる数の変化のきまりを見つけさ
せました。

　対応する２つの数量（年数と枝分かれの数）には、対応のき
まりが簡単に見破れないのできまりの発見は難しいものです。
そこで、ヒントとして、変化が連続する３つの数を組にして提
示しました。

Ａでは、　　1・2・4、2・4・8、4・8・16、8・16・32
Ｂでは、　　1・1・2、1・2・3、2・3・5、3・5・8

　これらの数の組から、直感的にＡ「前の数の２倍が次の数になっている」、Ｂ「前の２つの数を足すと次の数になっている」ということに気づくことができました。「指数関数的な増加」や「フィボナッチ数列」の変化の**きまりの発見**であります。

　このＢのように変化する数列を「フィボナッチ数列」という名称を知らせ、変化のきまりＡとＢを、次のようにまとめました。

　Ａは、前の数を２倍すると、次の数が見つかっていくという変わり方です。

　Ｂは、前の数とその前の数を加えると、次の数が見つかっていくという変わり方です。

（フィボナッチ数列と言われています）

イッツ
アメージング！

★「センス・オブ・ワンダー」を感じる不思議な法則

フィボナッチが見つけたとされるフィボナッチ数列の数の変化のきまりは、自然界の事象、例えば「けやきの木の枝分かれ」などのきまりにその数列が現れるのは何とも不思議である。

---

② 不思議さを感じさせる事象

　Ａの変化が、爆発的に増加する面白さを感じさせるために、次のような２つの事象を取り扱うことにしました。

1つめは、緑表紙の教科書（本書第2章p54の説明参照）に載っていた次のような問題です。

「ある池のまわりをまわるのに、最初の一回は一分かかり、次の一回は二分かかり、その次の一回は四分かかりというように、毎回その前のときの二倍の時間がかかるものとする。
　二十回続けてまわるには、どれだけの時間がかかるか。はじめに大体の見当を付けて後で計算せよ。」

この問題について、解説書には、次のように書かれています。
「等比級数的に変化する場合を考察させるものである。この問題に含まれている等比級数は、2^0, 2^1, 2^2, 2^3, 2^4, 2^5, であって、…（中略）…項数が多くなればなる程各項の和が急激の増加することを認めさせようというのである。級数の和を求める数理的方法を取り扱うようなことはしないのである。…中略…そして、
　ここでは、20回目までが次のような表で示されている。…

1回	1分	6回	32分	11回	1024分	16回	32768分
2	2	7	64	12	2048	17	65536
3	4	8	128	13	4096	18	131072
4	8	9	256	14	8192	19	262144
5	16	10	512	15	16384	20	524288

　最初から何番目かまでの和は、常に、この次のものよりも1だけ少ない関係にある。…求める「分」の数は、
　$524288 \times 2 - 1 = 1048575$
　この単位（分）を（日）かえると、
　1048575 ＝ 1年363日4時15分　すなわち、約2か年を要する。

なお、40回目ではどうなるかを考えてみさせるがよい。…40回目が約100万年、40回の合計は約200万年となるわけである。」と書かれています。

　このように、とてつもなく大きくなることを感じさせようという意図を、解説書からも感じとることができます。池を1周するのに、2年もかかるというとてつもない数になることで、その倍加のスピードの意外性を感じさせようとしています。2倍、2倍、2倍…と増加することは、次第に急激な増加をするということです。そして、解説書では、$y = 2^x$のグラフも部分的に示しています。

　2つ目は、次のような、「曽呂利新左エ門と秀吉」の有名な逸話と相田みつを氏の「いのちのバトン」という詩を紹介しました。

【曽呂利新左エ門と秀吉の有名な逸話】

「秀吉が新左エ門にあることで『なんでも褒美をやろう』と言ったのですが、新左エ門は『この広間の畳に、端の方から1畳目は米1粒、2畳目は2倍の米2粒、3畳目はその2倍の4粒、というように2倍、2倍と米を置き、広間の100畳分、全部いただきたい』と言ったのです。秀吉はせいぜい米俵1俵か2俵くらいと思って承知したのでした。ところがあとで計算したところ32畳で、1800俵くらい、100畳になると…とてつもなく膨大な量になることが分かり、秀吉は謝って、別の物に替えてもらった」という逸話です。

　この話から、増加の仕方が、初めはゆっくりでも、やがて爆

発的に増加するということが実感できます。当初の予想の実感
と実際の増加とが、大きくかけ離れるという不思議な感覚を味
わうことになるのです。このような増加を「指数関数的な増加」
と表現されることがあります。余談ですが、コロナ禍関連の報
道の中で、コメンテーターの人が「感染者数の指数関数的な増
加」という表現を用いているのを聞いたことがありますが、ま
さにその増加の急激さを表現したのだと思います。

　相田みつを氏の、次のような詩も紹介しました。

【自分の番―いのちのバトン】

父と母で二人
父と母の両親で四人
そのまた両親で八人
こうしてかぞえてゆくと
十代前で千二十四人
二十代前では―――――？
なんと百万人を越すんです

感無量の
いのちのバトンを受けついで
いまここに
自分の番を生きている
それが
あなたのいのちです
それがわたしの
いのちです
　　　みつを　[み]

　両親とそれぞれの両
親…と想像していくと、
とてつもなく増加して
いきますが、一体、人類
の初めはどういう状態
だったのか？　と考え
れば考えるほど不思議
になります。答えを見つ
けることはできません。

★「センス・オブ・ワンダー」を感じる不思議な法則

前の数の2倍、2倍、2倍…と増加する数列は、次第に爆発的増加をする。その増加スピードが日常感覚とずれることに不思議さを実感する。

フィボナッチ数列に関しては、その発見者の数学者「フィボナッチ」について、簡単に紹介するとともに、自然界に多々、見られる数の列であるという、不思議さを味わわせました。
「フィボナッチ・自然の中にかくれた数を見つけた人」という絵本（図4-4）で、彼の偉大な数

図4-4　絵本「フィボナッチ・自然の中にかくれた数を見つけた人」

学者としての半生を紹介しました。子どもの頃は、馬鹿にされていたが、やがて偉大な数学者になったというエピソードは痛快だったようです。

　自然界では、例えば、ヒマワリの種の配列、渦巻きの渦の巻き方…などに見られるのです。

　ここで、実演の観点から、渦巻の図を描かせてみることにしました。図4-5のように、渦巻が出来上がっていくことが、不思議だったようです。貝の渦巻きもこうなっているということが、ケヤキの木の枝分かれと同じように自然界の中に現れている法則に対して、たまらない不思議さを感じさせることができます。

次のような手順で、方眼紙に描かせることを試みました。

① まず、半径を1cmで、一辺1cmの正方形のます目に4分の1の円弧を描きます。（右図）

② ①の円弧をもう1つ描き、①の円弧に繋げます。

③ 次に半径2cmの円弧を描き、②の円弧に繋げます。

次に3cm、次に5cm、…と順次、フィボナッチ数列の半径の円弧を描き、繋げていくと、その図が渦巻きの形になっていきます。順に描いていくことによって、渦巻き図がきれいに出来上がっていく様子を感じ取ることができるのです。

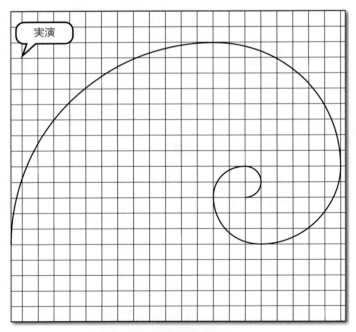

図4-5　渦巻の図を描くと

【感想】

＊新左エ門の話は、面白いです。はじめ米1粒が、やがて凄い量になっ
ていくとは誰も考えられません。もし、1円から始めて、前の日の
2倍ずつ、毎日貯金しようと考えても、すぐに貯金できない金額に
なってしまうと思いました。(SS)

＊命のバトンの詩が不思議です。人類は、どのように命がつながって
いるのか？　どんどん人口は増えているのに、過去にさかのぼるほ
ど、人の数が多いようにも思えるし、これは、永遠の謎ですね。(TK)

＊ケヤキの木の枝分かれは、日常生活と数学をいつも離して考えがち
ですが、密かに紛れてかかわっていると再認識しました。(YI)

＊フィボナッチ数列で円を描いていくと渦巻きがどんどん出来上がっ
ていくのには驚きました。(SW)

＊フィボナッチ数列のように、数学は常に身の回りに存在しているの
だと思いました。それに、誰がこのように自然をコントロールして
いるのか何故か気になります。(KN)

＊高校の時に、数列の学習をしましたが、公式を使ったり規則をみつ
けたりすることがとても苦手で苦労しました。でも、今日のきまり
は理解して見つけることができてよかったです。(MA)

③ 無限に伸びる木の問題

　緑表紙の教科書の中に、次のような、ある1つの木の伸びる
問題（緑表紙教科書6年下 p76）にも興味をもっていて、また、
木が生長するという点で、フィボナッチ数列の枝分かれとの共
通点に着目したのでした。それで、算数概論の「不思議な木の
生長」で、この問題も扱うことにしたのでした。この問題につ
いては、算数教科書（啓林館平成27年版6年 p96）に、「昔の教
科書」の問題の一つとして現代訳され掲載されていたのです。

現代訳してみると・・・

原文のまま

(16) 或所二、一本ノ木ガ
生エタ。最初ノ一年二高
サガ一米トナリ、次ノ一年
二50糎ノビ、ソノ次ノ一年
二25糎ノビルトイフヤウ
二、毎年ソノ前年二ノビタ
長サノ半分ダケノビルモ
ノトスルト、コノ木ハドコ
マデノビルデアラウカ。

あるところに、1本の木
が生えました。
　最初の1年に、高さが
1mになり、次の1年に
50cmのび、その次の年に
25cmのびるというよう
に、毎年その前の年にのび
た長さの半分だけのびるも
のとすると、この木はどこ
までのびますか。

図4-6　緑表紙の問題例と現代訳

　もちろん、この木は、あくまで架空の木という設定です。フィ
ボナッチ数列で枝分かれするケヤキの木のような自然界のもの
ではありませんが、木の生長というテーマでいっしょに取り扱
うのが面白いと考えたのでした。

　内容としては、現在の高校数学で取り扱う「無限等比数列の
和の問題」になるのですが、この内容を小学校で取り扱ってい
た当時の算数のレベルの高さにも驚きました。この問題では
「どこまで伸びるであろうか」というように問いかけも工夫さ
れていて、木が伸びていくようすを想像させることに価値を見
出していると思いました。

　その解説には、次のように書かれているのです。
「極限の値をもつ無限等比級数の総和を考察させるものであ
る。この問題に含まれている等比級数は、

$$1 + \frac{1}{2} + \frac{1}{4} + \frac{1}{8} + \frac{1}{16} + \cdots$$

である。

　勿論、一般的にかような問題を考察させるのではなく、公比を二分の一とする特別な等比級数をなす具体的問題を考察させることによって、**極限の観念に幾らかでも触れさせよう**というのである。…（以下略）」

　このことからも伺えますが、伊達宗行氏（大阪大学）が緑表紙の教科書の書評の中で「子どもの心に未知への憧れを呼び込もうという卓抜な意図が感じられる」と評されていました。まさにそう感じさせる1つの問題だと思うのです。

　極限の観念に触れるということが、ねらいですが、ここに不思議と感じる事象が見られます。つまり、人々の「**素直な感覚**」（どこまでも伸びていくのであれば、それが、たとえ少量であってもどこまでも伸び続ける）と矛盾する結果になる（2mに近づくけれども決して2mには到達しない）ところに「センス・オブ・ワンダー」が感じられ、そこに価値があると考えました。

　なお、小学校の算数科の学習の中で、この極限の観念に触れる場があります。それは、円の面積（第6学年）の公式を見出す時、円を細かく分割していく過程で、教科書では、次のように記されているのです。（図4-7）

「円をさらに細かく等分していくと、おうぎの形を並びかえてできる形は、長方形になると考えることができます。」（啓林館平成27年版6年 p70）

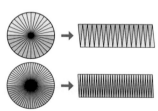

円をさらに細かく等分していくと、おうぎの形を並べた形は長方形になると考えられます。

図4-7　円の求積公式の説明

　また、志賀浩二著「無限のなかの数学」（1995年　岩波新書）という本に出会い、この問題に

関しては、日本の数学者志賀浩二氏が、その中で、志賀が小学生だった頃、この問題に取り組み、その時を振り返って、次のように述懐していることにも着目したのでした。志賀氏は次のように述べているのです。

「私は毎年毎年伸びていく木のようすを想像していくうちに、ついには**自分も吸い込まれて消えてしまいそうな**、そしてはるかな世界に誘い込まれていくような、本当に**不思議な思い**がした。…」

　あたかも、志賀は、この問題との出会いが、数学者の道を歩むきっかけであったかのような思いを述べているのです。特に、無限に関して「吸い込まれて消えてしまいそうな…」という表現が、その不思議感を見事に語っていると思ったのでした。

　私も宇宙の果てのようなことを想像すると、この吸い込まれるという感覚が何となくわかるような気がするのです。このことも人物に関わる1つのエピソードとして紹介する価値があると考えました。

　以上のような2つの教材、「ケヤキの木の枝分かれ」と「無限に伸びる木の問題」を一つに組み合わせて、変わり方のきまりに関する教材とし、「不思議な木の生長」というタイトルを付け、「センス・オブ・ワンダー」を育みたいと考えたのです。一つは、現実的な（自然界にある）木の枝分かれとフィボナッチ数列との関連を考察し、もう一つは、現実の感覚とズレを感じる無限等比数列の和という現象（架空の木）を想像するというある意味で対比的な2つの内容の取扱いに面白さがあると考えたのでした。

　緑表紙の算数6年下 p76「木の伸びる問題」の原文のままを

紹介し、文字遣いが今と異なること等を解説しました。

　例えば、次のような表現が使われています。

　米＝メートル　**糎**＝センチメートル　**アラウカ**＝あろうか

　このような文字遣いに、当時の様子が想像できて、それもまた面白いと感じたようです。

　この問題が、現代文に訳されて現在の算数教科書にも掲載されていることを紹介し、あらためて現代文の問題（啓林館平成27年版6年 p96）を示しました。

　私が過去に授業した際の子ども（小学6年生）の次のような対立する2つの考え方を紹介しました。

・考え方A＝少しずつでも伸びていくのだからどこまでも伸びるはず…

・考え方B＝増えるけど、その長さが半分、半分…となっていくからどこかで止まる。

　自分の考え方は、A、Bどちらの考え方に近いか挙手をさせました。

　考え方AとBの挙手した割合は、約3対7でした。

　本事象を具体的な数で（分数の式で）考えることを提案しました。

Σの式　　$\displaystyle\sum_{n=0}^{\infty}\frac{1}{2^n}$

式は、　$1+\dfrac{1}{2}+\dfrac{1}{4}+\dfrac{1}{8}+\dfrac{1}{16}+$ ……となる。

　式だけでは実感がわきにくいので、実演するための帯図を示し、2m の中の 1m、次に $\dfrac{1}{2}$ m、次に $\dfrac{1}{4}$ m…と帯図に伸びを記

入しながら考えさせました。

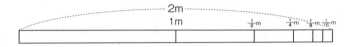

　次第に分割（分数）が小さくなっていって、実際に書き込めなくなっていくが、半分の半分は目に見えずとも常に存在しているという感覚を感じさせました。

　数学的に Σ の式で考えると、**2 に収束する無限等比数列の和**（極限の考え）であることをまとめました。

「木はどんどん伸びるけれど、いつも伸びる分の半分が残るので 2m に近づくが、永遠に 2m にはならない。（2 に収束する）＝極限の考え」は「センス・オブ・ワンダー」を感じることができます。数はどんどん小さくなれば、やがて、人間の視覚ではとらえられなくなるが、理論上、存在するということを納得するのが数学の世界での思考であり、そこが「センス・オブ・ワンダー」を感じるところであると解説したのです。

　なお、小学生への授業の際は、場面を変えて、「地球爆破計画の問題」を設定し、実施しました。「子どもが飛びつく算数面白物語」（p92 ～ 99）で詳しく書いているので参照下さい。

　発展問題では、図 4-8 のよう

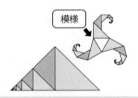

　この本の表紙にある模様には三角形がどんな大きさの順に並んでいますか。
　その並べ方にしたがって、次第に小さい三角形を限りなくつけ加えていったとすると、三角形の面積の和はどうなるでしょうか。
　このことを次の図について考えましょう。

図4-8　緑表紙の問題例と現代訳

な「木の伸びる問題と同じ構造の三角形を並べる問題」に取り組ませました。(啓林館平成27版6年 p98)

【感 想】
＊1円でも、毎日貯金し続ければ、いつか1億円になるという話を聞いた時は、絶対2mをいつかは超えると思いましたが、2mは超えないと知って、とても不思議な気持ちになりました。(OT)
＊木は伸びていって、いつかは2mを越えると思っていましたがそうならないことを知りました。数には、小数があって0.00000…といつまでも続くと聞くとなるほどと思うのですが、何か不思議です。数が無限に続くということ自体もよく考えられません。(WI)
＊架空の木のことを考えると頭がおかしくなりそうな不思議な感覚がします。半分、半分、半分…で伸びていって、見えないくらいの小さな単位になって、これも分かるようで不思議です。少しずつ、少しずつ2mに近づいているのに、2mにはならなくて、もどかしい気持ちにもなりました。(KK)
＊どんどん伸びる架空の木と聞いて「ジャックと豆の木」を思い出しました。豆の木は雲の上まで伸びるけど、この木は2mときめられた限度の中でしか増えないことは不思議だけれども納得しました。(KH)
＊本当の木もあるところまでしか伸びないというのも、もしかしてそういうことなのかな？　と思いました。(RY)

イッツ
アメージング！

★「センス・オブ・ワンダー」を感じる不思議な法則

無限等比級数の和の収束する増加は、増加が無限に続くにもかかわらず、ある一定の数を超えないが、それが、日常感覚（増え続けると必ず大きくなっていくはず）とずれることに不思議さを実感する。

第 5 章

アルキメデスの墓標

① 円錐・球・円柱の体積

　算数数学における立体の体積の学習指導では、その数量を、公式を使って求めるということが中心になっているように思います。一方、形と形の間にはいろいろな関係があって、例えば、錐体と柱体では、柱体の3分の1が錐体であること（底面積と高さが等しい場合）については、よく知られています。それは、普遍の原理ですが、その理由についてあまり気には、留めていないように思われます。このことは、それぞれの立体の形の美しさと関連づいていて、自然に存在する物の形の美しさ、不思議さが根底にあるものと考えています。そう考えた時、さらなる不思議な事実に遭遇します。それは、円錐と円柱の底面積が同じで、球の直径が底面の円の直径と同じ場合で同じ高さの「**円錐、球、円柱の体積の比**」が**1：2：3になっている**ということの美しさ（不思議さ）です。このことを、算数概論で是非、取り上げて「センス・オブ・ワンダー」を育みたいと考えたのでした。

　講義では、まず、同じ高さの円錐、球、円柱の体積の比が1：2：3になっていることに気づかせるために、3つの形をした、それぞれのチョコレートの塊を想定して、その大きさを比べるという問題から始めました。チョコという具体的な物を想定し、実際の数値も示して、その体積を比較するという場面です。それは、リアルに問題意識を持ちやすいだろうと考えてのことです。

「（木製の立体の具体物をチョコに見立てて提示し）円錐の形・球の形・円柱の形をした3つの

図5-1　円錐、球、円柱の木製の立体

チョコがあります。それぞれ、底面、高さのサイズが図5-2のように等しいです。兄はこの中の円柱のチョコをとり、後の2つのチョコ（円錐と球）を妹にあげたのです。2人のチョコの分量は**どちらが大きいのでしょう？**」

　模型を見て、直感的に体積の大小を予想させました。

　大きさの大小については、円錐＜球＜円柱　の関係については、誰もが認めるところです。そこで、「円錐＋球」と「円柱」の大小比較を問題にしたのです。それぞれの底面等の直径、高さを次のように設定し、実際に求めさせることから始めることにしました。

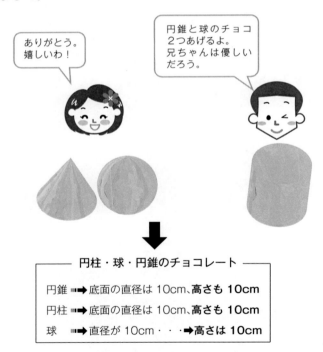

── 円柱・球・円錐のチョコレート ──

円錐 ➡ 底面の直径は 10cm、**高さも 10cm**

円柱 ➡ 底面の直径は 10cm、**高さも 10cm**

球　 ➡ 直径が 10cm・・・➡ **高さは 10cm**

図5-2　円錐、円柱、球のチョコとその大きさ

受講生に大小を挙手で反応させたところ、「兄（円柱）が大きい」が4分の1程度、「妹（円錐と球）が大きい」が4分の3程度で、その他の考えをした受講生はいませんでした。円錐と球と2つになっている分、その量の見た目は大きく感じられるようでした。

次に、下のような3つの立体が重なった見取図（下の図5-3の左図）を提示し、見える3つの立体の見取図（円錐・球・円柱）の線をなぞり各立体の存在が見えるように、しました。

重なり合った見取図を3つ（①・②・③）用意し、1つは円錐の見取図①、1つは球の見取図②、1つは円柱の見取図③が、それぞれ浮き出るように見取図をなぞらせたのです。（下の①、②、③の図）

この図の中に隠れている3つの立体の見取図をなぞることにより、立体の模型とともに、考察の対象となる立体を見取図の上でも明確にしたのでした。

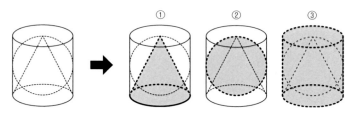

図5-3　3つの見取図に着目すると

3つの立体のサイズ（数値）を示して、実際の体積を求めてみることにしました。
・円錐　底面の円の直径10cm　　高さ10cm
・球　　直径10cm

・円柱　底面の円の直径10cm　　高さ10cm

　小学 6 年～中学 1 年にかけて学習している基礎的事項（公式等）の復習として、体積を求める前に求積公式を復習し、言葉の式とともに文字の式でまとめました。

・円錐 $= \dfrac{1}{3} Sh$

・球 $= \dfrac{4}{3} \pi r^3$

・円柱 $= Sh$　　＊Sは底面積、hは高さ、rは半径、π は円周率

　次に、3 つの立体の体積を求めて、比較しました。体積は次のようになりました。

・円錐 $= 5 \times 5 \times \pi \times 10 \times \dfrac{1}{3}$　　　円錐 $= \dfrac{250\pi}{3}$ cm^3

・球 $= \dfrac{4}{3} \times \pi \times 5 \times 5 \times 5$　　　球 $= \dfrac{500\pi}{3}$ cm^3

・円柱 $= 5 \times 5 \times \pi \times 10$　　　円柱 $= \dfrac{750\pi}{3}$ cm^3

3つの体積を求めてみて、受講生は、「円錐＋球＝円柱」となっていることに初めて気づきます。見た目の量感からすると意外な結果だったようです。そして、兄の円柱1つ分と妹の円錐と球を合わせた2つ分が同じ体積になることが分かりました。兄は妹にたくさん分けたような恰好になっているが、実は同じであったことに立体の大きさの意外さを感じさせることができま

す。ここで、少なからず、不思議な気持ちになります。そして、3つの立体の体積から、分母3で通分し、その比が1：2：3になっていることに気づかせます。

ここで、3つの立体の体積比がいつも「1：2：3」になっているという法則を発見したのが、かの有名な**アルキメデス**であることを知らせます。

　アルキメデスについては、ほぼ、みんなが知っている名前で、次のようなエピソードを紹介しました。

「2000年以上前の古代ギリシャの科学者で、『アルキメデスの原理』を発見した人物として知られています。ある時、王様から、王冠の成分が純金かどうかを確かめるよう依頼され、そのことを確かめる方法を、お風呂に入っているときに思いつき、アイデアを書き留めるため、全裸のままで街中を駆け回った」というのです。

　アルキメデスが研究に没頭する姿のエピソードであると同時に、浮力（キメデスの原理）がひらめいた瞬間を現わしています。アルキメデスの原理とは、流体（液体や気体）の中の物体は、その物体が押しのけている流体の重さ（質量）と同じ大きさで上向きの浮力を受けるというものです。

　算数科や数学科での立体の体積等の学習では、各立体の体積を求めたり、表面積を求めたりすることを重視し、それらの体積の間の関連（比率など）を追究したことはほとんどなく、この法則は、受講生にとっても意外性のある気づきと思われます。1：2：3になっていることを知って、その美しい比率に驚きを感じさせることができました。

【感想】

＊見た目は全然、違うのに、円錐と球を合わせて、円柱になるのが不思議です。錯覚のような気分です。粘土で作って確かめたいと思いました。円錐と球をこわして、円柱に、造り直してみたいです。（SH）

＊兄と妹、チョコの話が分かり易いです。見た目で判断したけど、案外、量は分からないものです。講義の途中で同じかも知れないという目線がもてるようになりました。しかも、こんなきれいな比になっているなんて謎です。（AY）

＊アルキメデスについては、中学校の時に、理科で習ったと思います。紀元前の昔のギリシャで、このような、体積のきまりも発見していたなんて、すごい科学者です。いいアイデアを思いついて、街中、裸でかけ回るなんて、周りが見えなくなるぐらい嬉しかったのだと思います。（KN）

＊円錐と円柱が１：３になるのは知っていたけど、そこに球を入れて、１：２：３になるなんて、すごく美しいきまりがあるのだと思いました。（KI）

② 緑表紙の問題

　私は、このアルキメデスの立体の体積や表面積の比率に関しては、第２章で述べた「緑表紙の教科書」（本書 p54 参照）に載っていた次のような問題と無関係ではないことに気がついていたのでした。

　そこで、ここでも「緑表紙」の問題をそのまま取り上げることにしたのです。

　そこには、円錐と球と円柱（すべて高さが同じ）の見取り図

が合体している先ほど示した図が描かれていたのです。そして、その表面積と体積の比率を問題にしているのです。

その問題は次の通りです。現代文に訳すと右のようになります。

（13）底面ノ直徑ト高サガ等シイ圓柱ガアル。コノ中ニ、チョウドハイル球ノ表面積ト、圓柱ノ表面積トノ比ヲ求メヨ。

コノ圓柱ノ中ニ、チョウドハイル圓錐ト球ト圓柱トノ體積ノ比ヲ求メヨ。

（13）底面の直径と高さが等しい円柱がある。この中にちょうどはいる球の表面積と、円柱の表面積の比を求めよ。

この円柱の中に、ちょうどはいる円錐と球と円柱の体積比を求めよ。

図5-4　緑表紙の問題例と現代訳

まず、昔の教科書であり、使われている次のような漢字にもふれました。

　　　圓柱＝円柱　　　　　**體**積＝体積　　　　**直徑**＝直径

この問題では、3つの体積の比較より先に、球と円柱の表面積の比較も行っていることが分かります。

そこでまず、問題にあるような球と円柱の表面積について求めてみることにしました。公式を忘れている受講生もいましたので、公式を確認してから求めさせました。

何となく、表面積も、円錐と球と円柱で1：2：3になるのではないかと推測した受講生もいたようでした。

円錐の表面積は問うていませんが、念のため取り上げることにしました。

・球の表面積 $= 4\pi r^2$

・円柱の表面積 $= \pi r^2 \times 2 + 2\pi r \times 2r$（底面積2つと側面積）

・円錐の表面積 $= \pi r\sqrt{h^2+r^2}$（$h = 2r$）

　母線の長さ L を使った公式は、$\pi r(L + r)$ となります。
（L：母線の長さ）

　求めてみると次のようになりました。

・球の表面積 $= 4 \times \pi \times 5 \times 5 = 100\pi$

・円柱の表面積 $= 150\pi$（底面積2つと側面積）

・円錐の表面積 $= \pi r(\sqrt{h^2+r^2} + r) = \pi \times 5 \times (\sqrt{100 + 25} + 5)$

$\qquad\qquad = 5\pi(5\sqrt{5} + 5) = (25 + 25\sqrt{5})\pi$

　3つの表面積の比を求めてみると、$\left(\dfrac{1+\sqrt{5}}{2}\right) : 2 : 3$ となりました。

$\sqrt{5} =$ 約 2.24 とすると円錐の表面積は約 1.62 で、比は、1.62：2：3になります。

　ここで、先ほど求めた体積の比と比較します。**球と円柱の表面積の比は2：3**になっており、これは体積の比と同じであることに気づきます。

　球と円柱については、表面積、体積ともに2：3になっていることに極めて不思議と感じ、一方、円錐と球は体積と表面積の比が、同じでないことに違和感をもったようです。それは、見た目の立体の感覚からは表面積の大きさは想像することができないからです。表面積の比と体積の比が同じになるということ

は、アルキメデス自身も「何と不思議なことか」と感動したの
ではないかと想像することができます。

「高さの同じ円錐と球と円柱の体積比が１：２：３であること」
また「球と円柱の表面積の比も２：３で体積と同じになること」
は誰もが感動する美しい不思議な事実なのです。**形の神秘**を感
じることができます。このことを発見したのはアルキメデスだ
と思われ、彼が感動した現象であることに、なおさら感動でき
ると思われます。

　緑表紙の問題には、アルキメデスは全く登場しませんし、解
説書でも触れられていませんが、私は、当時の緑表紙教科書の
編纂者はアルキメデスの話を踏まえて、本問題を作ったのであ
ろうと勝手に想像しています。緑表紙の問題に、アルキメデス
という人物の観点を絡ませて、円錐・球・円柱の体積等を取り
扱うことで「センス・オブ・ワンダー」を育むことができる教
材として展開したのです。

　緑表紙教科書の解説書では、次のように述べられています。
「かように、円柱とこれに内接する球の表面積の比が、極めて
簡単な整数の比になるということは、**まことに面白いことであ
ると感ずるように導くべきである。**」さらに「これ等の比が、最
も簡単な整数の比になること、特に球と円柱との体積の比が、
表面積の比と等しいということは、**不思議なことに思われるで
あろう。かような点に驚異を感じさせることは、自然に対し、
又、数理に対しあこがれをもたせることに役立つであろう。**」

　この解説書の記述から、緑表紙がこの問題を取り上げた意図
が分かると同時に、私の目指す「センス・オブ・ワンダー」を
育むという趣旨と同じであることに改めて意を強くし、算数概

論の教材として是非取り扱いたいと考えたのでした。

【感　想】

＊球と円柱は、表面積も２：３になっているのに驚きました。昔の算数
　教科書でこんな難しいことを小学生にも取り上げていたとはびっく
　りです。やはり、昔の子どもは頭がよかったのでしょうか？（KU）

＊円錐の表面積も、体積の比と同じだったら面白いのにと思いました。
　また、なぜ、円錐はそうならないのかが逆に不思議です。もしかし
　たら、円錐は球の中に入っていないからかも知れません。球は、円
　柱の中に入っています。（SA）

＊今まで、公式を習ってきたけど、関連付けることはありませんでし
　た。球の体積の公式は「みのうえにしんぱいあるさんじょう」と覚え
　て使うだけでした。必ずしも体積と表面積の比は、同じではないで
　すよね。球と円柱が異質で奇跡ととらえる方がいいのでしょうね。
　数学は思わぬところにつながりがあって不思議です。（SS）

　ここで、さらに、もう一つのエピソードも紹介しました。

　ローマ軍との戦争で、アルキメデスが最期の時を迎えた際に
も研究に没頭していて殺されたという次のようなエピソード
です。

「ローマ軍との戦闘では、アルキメデスの考案した新兵器で随
分とローマ軍を苦しめたが、やがて、ローマ軍はシラクサの城
壁を突破、市街戦となる。その中で、ローマ軍の目的はアルキ
メデスを逮捕することであった。激しい市街戦の中、やがて、
ローマ兵はアルキメデスのもとになだれ込んだ。地面に図を描
きながら計算を続けていたアルキメデスは、兵士たちを無視す
るどころか、『そこをどけ、私の円を乱すな』と叱りつけた。そ

の言葉に激高した兵士は、アルキメデスをその場で殺してしまった。…その報告を受けた指揮官マルケレスは、敵とはいえ、偉大な科学者であったアルキメデスの死を悼み、彼の研究中だった図を刻んだ**墓標**を作り、丁重に葬ったといわれている。」という話です。

　この話の後、受講生から質問が出ました。「アルキメデスの墓標」の図は、どんな図ですか？　というものです。そのことについて、考えてみたいと思っていた私は、その図柄に、関心を向けたのでした。

【感　想】
＊アルキメデスが、このきまりをすごく気に入っていたのでしょう。それは、よほど不思議だったということですね。体積と面積が関連するわけが分かりません。だって、公式は全然違うのですから。（NM）
＊アルキメデスのエピソードで、ほっこりしました。数学者や数学が身近に感じられます。それに、最後にあんな言葉を言うなんて信じられません。（YN）
＊アルキメデスが手描きで地面に描いていた絵を見てみたい。恐怖で死ぬより、いいなと思える死に方だった。堂々としているアルキメデスがかっこいい。（SD）

イッツ
アメージング！

★「センス・オブ・ワンダー」を感じる不思議な法則

同じ高さの円錐と球と円柱の3つは、その体積比が1：2：3という美しい数値になるということ、また、球と円柱については、その表面積の比も、体積と同じ2：3になっているというのは何とも不思議である。そのきまりをアルキメデスは発見し、最も気に入っていたと言われている。

3 アルキメデスの墓標の図柄

　墓標とは、ここでは、一般的な意味としての墓石のことと思われます。この墓石には、どんな図柄が刻まれていたのでしょうか？

　ルカ・ノヴェッリ著（滝川洋二他訳）「アルキメデス」（2009年　岩崎書店）によると、

「アルキメデスは、球の直径と底面の直径と高さが等しい円柱の体積及び表面積の比がともに2：3に等しいことを発見し、おおいに満足し、この円柱と球を描いた図を、自分の墓石に刻んでほしいと日頃から親しい者に話していた。この遺言は守られ、敵将（メルケレス）が、偉大な科学者アルキメデスの死を悼み、墓標に、彼を称える碑文とともに、彫り込まれた」というのです。それは一体どんな図か、強く知りたいと思ったのでした。

　なかなか資料が見つからず、その正体は分かりませんでした。

　しかし、運よく、この墓標に関して、宮原靖氏（東京理科大学）が寄稿されているある文章を見つけたのです。少し長いで

すが、次のようなことが記されているのを受講生には、読み聞かせ風に、紹介しました。

「前略…アルキメデスの死後130年余りが過ぎた頃、ローマの政治家キケロがシチリア総督に就任し、シラクサにやって来た。彼は、ローマ人には珍しく、数学や科学に興味をもつ人物であった。彼は、アルキメデスについてもよく知っており、その墓にまつわる逸話も十分に承知していた。赴任早々、彼は、アルキメデスの墓を捜すために、シラクサのアグリジェント門の近くにある墓地を訪れた。彼は、立ち並ぶ墓標をひとつひとつ注意深く調べていったが、アルキメデスの墓は、なかなか見つからなかった。と、そのとき、墓地の一隅に、茨の生い茂る中に、少しだけ頭を出している小さな墓石が彼の目にとまった。急いで近寄ってみると、その墓石には、まごうかたなき円柱と球の図がはっきりと印されていた。さらに、彼が記憶していた墓碑名が、半ば消えかかってはいたが、読めるほどに記されてあったのである。彼は、すぐに墓標を覆っていた茨を取り除かせ、墓石の表面をきれいに整えさせて、墓を元通りに修復した。後年、彼は、自分の作品の中で、感慨深げにそして誇らしげに述べている。「もし、このアルピヌム（キケロの出身地で、現在、ローマの東南約80kmの町アルピーノ）生まれの男が見つけていなかったならば、かつてはギリシャ世界で最も偉大な天才と謳われ、この上なく高名であった男の墓は、やがては埋もれ、誰にも知られないものになってしまっただろう」と。しかし、ローマの数学に対する無関心は、キケロのこの美わしい行為を無にしてしまうものである。さほど長くない年月の後に、キケロが修復した墓は完全に消失した。そして、2000年の歳月が流れ去り、アルキメデスの墓は伝説となった…。さて、今からわずか40年前、1965年のことである。シラクサのあるホテルの地下の発掘が行われた。そのとき、驚くなかれ、アルキメデスの墓標が出土したのである。アルキメデスの死後、実に2200年にして、その墓標が再発見されたのである。H17年3月23日記す　宮原靖」

　では、アルキメデスの墓標に描かれていた図は、どんな図なのでしょうか？　この記述からすると、先の緑表紙の見取図のような、円柱の中に球が内接する図が描かれたものなのでしょうか。

　ここで、2つの図柄（図5-5のAとB）を示して、想像で、どちらと思うかという選択の挙手をさせました。受講生は、圧倒的に、下の図Aだと考えたようです。

　遺言から想像すれば、球が円柱の中に描かれた図Aだったのだろう？　と考えてしまうところです。私なりに、いろいろ調べてみたのですが、結局、アルキメデスの墓標の具体的な図柄を見つけることはできませんでした。

　一方、想像を覆すような、次のような記述をある文献から見つけました。

　ジョニー・ボール著（水谷淳訳）「数学の歴史物語」（2018年SBクリエイティブ）によると、墓標について「当時のギリシャ人には、透視図の概念がなかったため、正方形の中に円を描いただけの図になってしまった」とp101に記されているのです。この記述を受講生に紹介しました。

　このことからすると、どうも、図Bのような正方形の中に円が内接するような図？　だったのではないかと推察されます。…という話をしました。

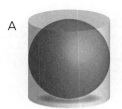
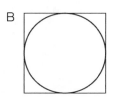

図5-5　墓標の図柄AとB

　偉大な科学者アルキメデスが最も気に入っていた事実が、墓標にまでなっていることにふれることにより、球と円柱の体積の比と表面積の比が等しいことなどがいかに不思議なことであったのかを、より一層感じさせることができたと考えます。

　さらに、戦の最中まで、考え続けていたことは何か、それはアルキメデスが球と円柱の体積比と表面積の比がどちらも２：３で一致することがとても気にいっていたということから、多分、そのことを考えていたのではないかと私は、勝手に想像してしまうのです。しかし、その**具体的な図柄は謎のまま**です。

　偉大な科学者であるアルキメデスがそこまで気にいっていた身の回りの美しい立体に美しい比が現れるという事象に「センス・オブ・ワンダー」が大いに感じられることでしょう。このように人物の観点から、語られるエピソードによって、自然の中に存在する形の不思議さをより一層、倍加させると考えられます。

【感　想】

＊こんな有名な人なのに、そのお墓の図が残っていないのは不可解です。数学の歴史物語という本があるなんて、それにもすごく興味をもちました。（JK）

＊アルキメデスの墓標の図が見てみたいです。私はヨーロッパの博物館や図書館にはあるような気がします。探してみたいです。（HM）

イッツ
アメージング！

★「センス・オブ・ワンダー」を感じる不思議な法則

球と円柱については、その表面積の比も、体積と同じ2：3になっているというのは何とも不思議で、アルキメデスは、その法則を最も気に入っていたことから、彼の墓標に円柱と球の関係の図が刻まれたというのであるが、その図柄の実体は、未だに、謎のままである。

受講生の感想にもあったのですが、体積比が1：2：3になる事実を、**粘土や水で実証**してみたら良かったと思っています。実演の観点から、うまく取り扱うことができなかったことが心残りです。

また、図5-6のような砂時計を実際に用意して確かめることができればその感動をさらに高められたかも知れません。

この**砂時計**は、「東京ガラス工芸」という会社に砂時計製作を依頼し、製作していただいた物です。見事な作品を届けてくれました。でも、最終年度の講義の終了後だったので受講生に見せることは、できませんでした。その出来上がりは、「数学の歴史物語」（2018年　SBクリエイティブ）のp98に描かれていた物と全く同じで、私にとっては大切な教具コレクションの1つとなっています。

図5-6　アルキメデスの砂時計（製作　東京ガラス工芸）

　ここで、自宅の算数教具室（図5-7）を紹介します。退職後、半年くらいかけて整備しました。この部屋に入ると、これまでの算数教育研究の歴史がよみがえってきて、タイムスリップできるのです。

図5-7　自宅の教具室

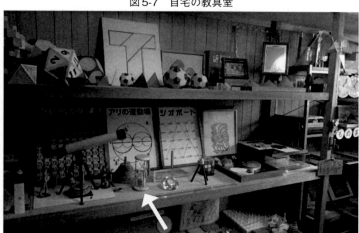

アルキメデスの砂時計

おわりに

　10月仲秋のある日、私は「ヴァンジ彫刻庭園美術館」（静岡県）を訪ねました。「センス・オブ・ワンダー：もう一つの庭展」を開催していたからです。当美術館での展示作品は、「センス・オブ・ワンダー」と共鳴するような世界を醸し出しているといいます。何となくその世界を感じながら観賞する中で、次のような言葉の展示に出会いました。

　「地球の美しさと神秘を感じとれる人は、科学者であろうとなかろうと、人生に飽きて疲れたり、孤独にさいなまされることはけっしてないでしょう。」（レイチェル・カーソン）

　というのです。この文章に出会って、私は地球を算数数学に置き換えても成り立つと感じました。それは、本書の主張そのものです。

　甲南女子大学人間科学部総合子ども学科での5年間の「算数概論」の講義の一部を振り返り、不思議という感覚に焦点を当て、集大成をしてみました。その根底にある考え方は「センス・オブ・ワンダー」を算数数学の中で実践し、育てることでありました。その成果は、受講生一人一人の心の内にあると思われますが、その一端は、随所に取り上げた受講生（学生）の感想にも表れていると思います。これらの感想は、5年間の感想、およそ延べ600名以上の受講生の感想を集積し、的を射た、顕著なものを取り上げ、ふんだんに掲載させていただきました。それらが、本書を、面白くするとともに、より不思議感を倍加させてくれていると思っています。すべての受講生の方々に厚くお

礼を申し上げます。また、以前に小学生に授業した実践の成果も一部含まれており、その反応も踏まえて、内容を構成しましたが、功を奏したと感じています。小学校教員から大学教員へと、道を歩んだ人生がある意味活かせたのではないかと感じています。また、時折、映画ファンの私の姿が表出したり、関連する詩を引用するなど、日々の生活の一端も感じていただいただけたのではないでしょうか。

　そして「センス・オブ・ワンダー」を根底に据えて、技能重視の算数数学から脱却し、このように、「算数数学が不思議である」と感じさせるような「方向性」を持った講義や授業が、これからの算数数学教育で大切にすべきだと考えます。

　本書の作成に当たっては、日本の数学者、寺垣内政一先生（広島大学教授・啓林館算数教科書編集委員長）から、推薦のお言葉を賜りました。秋岡久太氏には、励ましと助言及び丁寧な校正までしていただきました。編集にあたっては、学術研究出版の湯川祥史郎氏・黒田貴子氏両氏には大変お世話になりました。以上のようにたくさんの人々のご指導ご支援のもとに、本書が完成できましたことに、心より厚くお礼申し上げます。

　最後に、甲南女子大学への後任として着任する際に、大変お世話になり、また、長きにわたり神戸大学にて、多々論文指導等を賜りました船越俊介先生（故人・神戸大学名誉教授・元甲南女子大学教授）に本書を捧げます。ありがとうございました。

　　　　　　　　　　令和 3 年 2 月 28 日　　小西豊文

参考文献

第0章

・小西豊文他、こどものキャリア形成、幻冬舎、2020

・レイチェル・カーソン　訳：上遠恵子、センス・オブ・ワンダー、新潮社、1996

・小西豊文、算数でセンス・オブ・ワンダー、教育研究収録第8号、2000

・志村史夫、自然現象はなぜ数式で記述できるのか、PHP教育研究所、2010

・L. A. スティーン　訳：三輪辰郎、世界は数理でできている、丸善、2000

・クリフォード・ピックオーバー　訳　根上生也　水原文、ビジュアル数学全史、岩波書店、2017

・木村俊一、数学の魔術師たち、角川ソフィア文庫、2017

第1章

・小西豊文、子どもが飛びつく算数面白物語、明治図書、2003

・高木茂男、パズルの百科：Play puzzle part2、平凡社、1982

・富永幸二郎、10パズル：ひらめき編、WAVE出版、2013

・富永幸二郎、10パズル：こだわり編、WAVE出版、2013

・富永幸二郎、10パズル Prime!：10ぷら、WAVE出版、2014

第2章

・小西豊文、みんなで楽しむ算数面白朝会、明治図書、2006

・算数教科書「わくわく算数」5年下、啓林館、2005

・桜井進、知られざる女性数学者の素顔第8回キャサリン・ジョンソン、

Rims　No.28、2020

・酒井大岳、金子みすゞの詩を生きる、JULA出版局、1994

・尋常小學算術　復刻版、啓林館、1970

・尋常小學算術　復刻版、教師用解説書、啓林館、2007

・松宮哲夫、伝説の算数教科書〈緑表紙〉、岩波書店、2007

・日本数学教育学会、算数教育指導用語辞典第三版、教育出版、2004

・文部科学省、小学校学習指導要領解説算数編、東洋館、1999

・宮崎興二、かたちの科学おもしろ事典、日本実業出版社、1996

・小林禎作、雪の結晶はなぜ六角形なのか、ちくま学芸文庫、2013

○参考映画：「ドリーム」2017公開

第3章

・Eclipseguide.net編、皆既日食ハンターズガイド、INFASパブリケー
　ションズ、2008

・小西豊文、みんなで楽しむ算数面白朝会、明治図書、2006

・楠山正雄、日本の神話と十大昔話、講談社学術文庫、1983

・坪田耕三、教科書プラス坪田算数6年生、東洋館出版社、2007

・ステン・F・オルデン　訳　塩原道緒　他、宇宙300の大疑問、講談社、
　2000

○参考映画「ファーストマン」2019公開

第4章

・文部科学省、個に応じた指導に関する指導資料（小学校算数編）、
　2002

・文：ジョセフ・タグニーズ　絵：ジョン・オブライエン　訳：渋谷
　弘子、フィボナッチ　自然のなかにかくれた数を見つけた人、さ・え・
　ら書房、2013

・佐藤修一、自然にひそむ数学、講談社、1998

・イアン・スチュアート　訳　吉永良正、自然の中に隠された数学、草思社、1996
・イアン・スチュアート　訳　梶山あゆみ、自然界の秘められたデザイン、河出書房新社、2009
・相田みつを美術館、生きる喜び―相田みつを展、毎日新聞社、1998
・志賀浩二、無限のなかの数学、岩波書店、1995
・近藤滋、波紋と螺旋とフィボナッチ、学研プラス、2013
・尋常小學算術　復刻版、啓林館、1970
・尋常小學算術　復刻版、教師用解説書、啓林館、2007
・算数教科書「わくわく算数」6年、啓林館、2015

第5章
・大野栄一、目で見る数学の基礎　面積体積、東京図書、1995
・尋常小學算術　復刻版、啓林館、1970
・尋常小學算術　復刻版、教師用解説書、啓林館、2007
・ジョニー・ボール　訳　水谷淳、数学の歴史物語、SBクリエイティブ、2018
・ルカ・ヴエッツリ、アルキメデス、岩崎書店、2009
・斎藤憲、アルキメデスの「方法」の謎を解く、岩波書店、2014

おわりに
・上遠恵子他、センス・オブ・ワンダー：もう一つの庭へ、ヴァンジ彫刻庭園美術館、2020

私の歩み（学歴と職歴）

学　歴

昭和43（1968）年3月	大阪府立市岡高等学校　卒業
昭和47（1972）年3月	大阪教育大学小学校教員養成課程　数学科卒業
昭和59（1984）年3月	兵庫教育大学院学校教育研究科修士課程　教育学研究科教育方法コース修了

職　歴

昭和47（1972）年4月	大阪市立小学校教員
昭和54（1979）年4月	大阪市教育研究所　研究員（1年間）
平成 2（1990）年4月	大阪市教育委員会指導部初等教育課　指導主事
平成 5（1993）年4月	大阪市立清水丘小学校　教頭
平成 7（1995）年4月	大阪市教育委員会指導部初等教育課　小学校教育係長
平成 9（1997）年4月	大阪市教育委員会指導部　首席指導主事
平成10（1998）年4月	大阪市立安立小学校　校長
平成14（2002）年4月	大阪市立西九条小学校　校長
平成16（2002）年4月	芦屋大学教育学部児童教育学科　助教授
平成19（2005）年4月	大阪成蹊短期大学児童教育学科　教授
平成23（2009）年4月	大阪大谷大学教育福祉学部　特任教授（うち2年間病気休職）
平成26（2012）年4月	甲南女子大学人間科学部総合子ども学科　教授
〃	甲南女子大学大学院人文科学総合研究科　兼任
平成31（2018）年3月	甲南女子大学　任期満了　退職
令和 2（2020）年4月	学校法人常磐会学園　評議員（現在に至る）

派遣・視察

・昭和63年度　文部省教員海外派遣　ヨーロッパ教育事情視察　大阪府第271団

・平成2年度　文部省　新任教員洋上研修　ふじ丸派遣（大阪市教育委員会より）

・平成14年度　第30回　全連小海外教育視察団　第17次　オーストラリア・ニュージーランド視察

・第28期　部落解放　大学講座　派遣・修了（1991年3月、大阪市教育委員会より）

・（私設団）日本朋友数学教学考察団：上海蘇州方面

・（私設団）桂小米朝＆算数交流in北京

・フィリピン　シキホール島　教育文化個人視察と授業実践

・令和元年8月　文部科学省科学研究費による教育視察　オーストラリア・ケアンズ方面

シキホール島での算数授業風景。トイレや水道のない学校、でも子どもたちはすこぶる明るく、元気でした。

主な著作物

単　著

・自ら学ぶ意欲を育てる算数指導の基礎技術（1993年5月　明治図書）

・「関心・意欲・態度」を育てる算数科導入の基礎技術（1995年4月　明治図書）

・子どもが飛びつく算数面白物語（2003年7月　明治図書）

・みんなで楽しむ算数面白朝会（2006年10月　明治図書）

・小学校教育課程講座　算数（2009年2月　ぎょうせい）

編　著

・小学校算数「授業力をみがく　実践編」（2015年　新興出版社啓林館）

・小学校新学習指導要領の授業：算数科実践事例集1・2年（2009年4月　小学館）

・算数的活動の実践モデル：低学年編（2010年3月　明治図書）

・算数的活動の実践モデル：中学年編（2010年3月　明治図書）

・算数的活動の実践モデル：高学年編（2010年3月　明治図書）

共　著

・笑って学んでin北京（2007年8月　和泉書院）

・小学校算数科の指導（2009年9月　建帛社）

・こどものキャリア形成（2020年4月　幻冬舎新書）

監　修

・きっず・ジャポニカ（2006年7月　小学館）

・表・グラフのかき方事典（2009年9月　PHP研究所）

・1日15分で一生使える　中学3年間の数学（2016年6月　PHP研

究所）

・1日15分で一生使える　中学数学の全公式（2016年9月　PHP研究所）

・算数脳がぐんぐん育つ立体あそび（2017年3月　PHP研究所）

・1日15分で一生使える　小学校6年間の算数（2017年12月　PHP研究所）

・算数脳がめきめき伸びる多面体あそび（2018年8月　PHP研究所）

文部科学省関連

・教育課程実施状況調査に関する総合的調査研究調査報告書―小学校―算数（平成9年12月　東洋館出版社）

・文部科学省小学校学習指導要領解説　算数編（平成11年5月　東洋館出版）

・文部科学省　個に応じた指導に関する指導資料　小学校算数編（平成14年11月　東洋館出版社）

・文部科学省小学校学習指導要領解説　算数編（平成20年8月　東洋館出版社）

教科書編集

・文部科学省検定教科書「わくわく算数」（平成23年度版　新興出版社啓林館）

・文部科学省検定教科書「わくわく算数」（平成27年度版　新興出版社啓林館）

・文部科学省検定教科書「わくわく算数」（令和2年度版　新興出版社啓林館）

・指導書小学校算数「確かな学力のために・改訂版」（令和2年4月　啓林館）

分担執筆：その他

・算数教育指導用語辞典第三版（平成16年6月　教育出版）

・新算数指導実例講座7図形「低中学年」（1991年　金子書房）

・算数科「関心・意欲・態度」の評価技法（1993年12月　明治図書）

・平成20年版小学校教育課程の教科・領域の改訂解説（2008年3月　明治図書）

・小学校新学習指導要領ポイントと授業づくり（平成20年11月　東洋館出版社）

・科研費共同研究：幼小接続期における源数学の理論に基づく教科書的な図書「小学0年生の算数」の開発にむけた基礎研究（Ⅰ）（令和2年6月　日本数学教育学会　第8回春期研究大会論文集）

他　多数

表　彰

・平成16年3月　校長職務精励教育功労賞　大阪市教育委員会

・平成28年度　兵庫教育大学　嬉野賞（平成29年8月　兵庫教育大学大学院同窓会）

●著者紹介

小西豊文（こにし　とよふみ）

　1949年大阪市生まれ。大阪教育大学（小学校教員養成課程数学科）卒業、兵庫教育大学大学院（教育学研究科）修了。大阪市の小学校教員・教頭・首席指導主事・校長など歴任。芦屋大学・大阪成蹊短期大学・大阪大谷大学・甲南女子大学・同大学院を経て、2019年3月退職、現在学校法人常磐会学園評議員。この間、文部科学省「小学校学習指導要領解説算数編」（平成11年版・平成20年版）の作成協力者。算数教科書「わくわく算数」（啓林館）編集委員・顧問を務める。主な著書は、単著「子どもが飛びつく算数面白物語」（明治図書）、「小学校教育課程講座算数」（ぎょうせい）「小学校算数授業力をみがく」（啓林館）、共著「こどものキャリア形成」（幻冬舎新書）、監修「表・グラフのかき方事典」（PHP研究所）など多数。2016年度兵庫教育大学嬉野賞受賞。

不思議な算数 —センス・オブ・ワンダーと算数数学—

2021年2月28日　初版発行

著　者　小西豊文
発行所　学術研究出版
　　　　〒670-0933　兵庫県姫路市平野町62
　　　　TEL.079(222)5372　FAX.079(244)1482
　　　　https://arpub.jp
印刷所　小野高速印刷株式会社
©Toyofumi Konishi 2021, Printed in Japan
ISBN978-4-910415-12-3